자연탐사 길잡이 04

한국의 야생조류 길잡이

물새

지은이 서정화(Seo, Jung-Hwa)

1963년 경북에서 태어났고, 한남대학교 생물학과를 졸업했다. 어려서부터 새를 좋아해 새를 찾아 전국을 누비며 새와 함께 생활하고 있다. 현재 한국생태 사진가 협회 홍보이사와 푸른교육공동체 운영위원을 맞고 있으며, 새를 비롯한 자연 생태 사진을 전문적으로 촬영하고 있다. 1999년 99하남국제환경박람회 초대 사진전, 2000년 2월 한국의 새를 찾아서라는 주제로 개인전, 2007년 4월 새야 새야 날아라 개인전을 했다. 월간조선, 신동아, 과학동아, 과학소년, 일간스포츠 등 신문 및 월간지에 조류사진을 기고하였고, 저서로는 2001년 7월 『새들의 비밀』(예림당)과 2003년 7월 『새 노래하는 내 친구야』(꿈소담이), 2005년 『한국조류생태도감』 4권 공저(한국교원대학교출판부)가 있고, KBS, MBC, EBS 자연 다큐멘터리 새 관련 자문위원으로 활동하고 있다.

지은이 박종길(Park, Jong-Gil)

1970년 충남에서 태어났고, 한남대학교 경영학과를 졸업했다. 대학에서 생물학을 부전공하였고, 대학연합 야생조류연구회 회원으로 활동하였다. 1992년부터 2000년까지 동서조류연구소에서 이정우 선생님으로부터 분류 및 표본제작 기법을 터득하면서 새를 보는 새로운 시야를 열게 되었고, 추후 조류분류 연구에 대한 기초를 다지는 계기가 되었다. 1999년 고려대 자연자원대학원 석사과정을 마치고, 2000년 국립공원관리공단에 입사하였다. 1990년도부터 꾸준하게 한반도 도서지역의 조류상을 조사하여 가거도, 홍도일대가 철새 이동길목임을 몸소 확인하고, 철새연구의 필요성을 인식하였다. 2002년 10월부터 전남 홍도, 흑산도에서 철새 이동에 관한 자료를 축적하여 2005년에 개소한 국립공원 철새연구센터를 설립하는데 크게 기여하였다. 한국야생조류협회 종분류 이사로 활동하고 있으며, 철새연구센터 팀장으로 재직 중이다. 현재 휘파람새과, 때까치과, 두견이과 등 주로 참새목 조류 분류 연구를 수행하고 있다.

자연탐사 길잡이 04 **한국의 야생조류 길잡이 물새**
A Photographic Guide to the Birds of Korea

초판 발행 2008년 4월 15일 | 초판 3쇄 발행 2012년 3월 12일

지은이 서정화·박종길 | 펴낸이 김정일 | 펴낸곳 신구문화사
출판등록 1968. 6. 10. 제1-205호 | 주소 경기도 성남시 중원구 금광2동 2661
전화 031-741-3055~6 | 팩스 031-741-3054 | E-mail shingupub@naver.com
홈페이지 www.shingubook.com | 편집 최승복, 정길만 | 디자인 은디자인
인쇄 (주)삼신문화 | 제본 예인바인텍
ⓒ 서정화·박종길, 2008 ISBN 978-89-7668-140-9 03490 값 23,000원
지은이와의 협의로 인지는 생략합니다.

자연탐사 길잡이 04

한국의 야생조류 길잡이

물새

서정화
박종길 지음

신구문화사

차례

한국의 야생조류 길잡이	11
용어 풀이	18
각 부위 명칭	26
이 책의 이용 방법	30

종 목록

아비과 Gaviidae   32
아비/*Gavia stellata* Red-throated Diver/Red-throated Loon 32
큰회색머리아비/*Gavia arctica* Arctic Diver 34
회색머리아비/*Gavia pacifica* Pacific Diver 36
흰부리아비/*Gavia adamsii* White-billed Diver 37

논병아리과 Podicipedidae   38
논병아리/*Podiceps ruficollis* Little Grebe 38
큰논병아리/*Podiceps grisegena* Red-necked Grebe 40
귀뿔논병아리/*Podiceps auritus* Horned Grebe 41
검은목논병아리/*Podiceps nigricollis* Black-necked Grebe 42
뿔논병아리/*Podiceps cristatus* Great Crested Grebe 44

슴새과 Procellariidae   46
슴새/*Calonectris leucomelas* Streaked Shearwater 46
붉은발슴새/*Puffinus carneipes* Flesh-footed Shearwater 47

바다제비과 Hydrobatidae   48
바다제비/*Oceanodroma monorhis* Swinhoe's Storm Petrel 48

얼가니과 Sulidae   49
갈색얼가니새/*Sula leucogaster* Brown Booby 49

가마우지과 Phalacrocoracidae   50
민물가마우지/*Phalacrocorax carbo* Great Cormorant 50
가마우지/*Phalacrocorax capillatus* Temminck's Cormorant 52
쇠가마우지/*Phalacrocorax pelagicus* Pelagic Cormorant 54

군함조과 Fregatidae   56
군함조/*Fregata ariel* Lesser Frigatebird 56
큰군함조/*Fregata minor* Great Frigatebird 57

백로과 Ardeidae   58
왜가리/*Ardea cinerea* Grey Heron 58
붉은왜가리/*Ardea purpurea* Purple Heron 60

중대백로/***Ardea alba*** Great Egret 62
중백로/***Egretta intermedia*** Intermediate Egret 64
쇠백로/***Egretta garzetta*** Little Egret 66
노랑부리백로/***Egretta eulophotes*** Chinese Egret 68
흑로/***Egretta sacra*** Pacific Reef Egret / Pacific Reef Heron 70
황로/***Bubulcus ibis*** Cattle Egret 72
흰날개해오라기/***Ardeola bacchus*** Chinese Pond Heron 74
검은댕기해오라기/***Butorides striatus*** Striated Heron 76
해오라기/***Nycticorax nycticorax*** Black-crowned Night Heron 78
붉은해오라기/***Gorsachius goisagi*** Japanese Night Heron 80
푸른눈테해오라기/***Gorsachius melanolophus*** Malaysian Night Heron 81
덤불해오라기/***Ixobrychus sinensis*** Chinese Little Bittern / Yellow Bittern 82
큰덤불해오라기/***Ixobrychus eurhythmus*** Schrenck's Bittern 84
열대붉은해오라기/***Ixobrychus cinnamoneus*** Cinnamon Bittern 86
검은해오라기/***Ixobrychus flavicollis*** Black Bittern 87
알락해오라기/***Botaurus stellaris*** Eurasian Bittern 88

저어새과 Threskiornithidae 89
따오기/***Nipponia nippon*** Crested Ibis 89
노랑부리저어새/***Platalea leucorodia*** Eurasian Spoonbill 90
저어새/***Platalea minor*** Black-faced Spoonbill 92

황새과 Ciconiidae 94
먹황새/***Ciconia nigra*** Black Stork 94
황새/***Ciconia boyciana*** Oriental White Stork 96

오리과 Anatidae 98
혹고니/***Cygnus olor*** Mute Swan 98
큰고니/***Cygnus cygnus*** Whooper Swan 100
고니/***Cygnus columbianus*** Tundra Swan 102
개리/***Anser cygnoides*** Swan Goose 104
큰기러기/***Anser fabalis*** Bean Goose 106
쇠기러기/***Anser albifrons*** Greater White-fronted Goose 108
흰이마기러기/***Anser erythropus*** Lesser White-fronted Goose 110
흰기러기/***Anser caerulescens*** Snow Goose 112
줄기러기/***Anser indicus*** Bar-headed Goose 113
흑기러기/***Branta bernicla*** Brent Goose / Brant 114
캐나다기러기/***Branta hutchinsii*** Cackling Goose 116
황오리/***Tadorna ferruginea*** Ruddy Shelduck 118

혹부리오리/***Tadorna tadorna*** Common Shelduck 120
원앙/***Aix galericulata*** Mandarin Duck 122
홍머리오리/***Anas penelope*** Eurasian Wigeon 124
아메리카홍머리오리/***Anas americana*** American Wigeon 126
청머리오리/***Anas falcata*** Falcated Duck 128
알락오리/***Anas strepera*** Gadwall 130
청둥오리/***Anas Platyrhynchos*** Mallard 132
흰뺨검둥오리/***Anas poecilorhyncha*** Spot-billed Duck 134
고방오리/***Anas acuta*** Northern Pintail 136
넓적부리/***Anas clypeata*** Northern Shoveler 138
가창오리/***Anas formosa*** Baikal Teal 140
쇠오리/***Anas crecca*** Common Teal 142
발구지/***Anas querquedula*** Garganey 144
붉은부리흰죽지/***Netta rufina*** Red-crested Pochard 146
흰죽지/***Aythya ferina*** Common Pochard 147
붉은가슴흰죽지/***Aythya baeri*** Baer's Pochard 148
검은흰죽지/***Aythya nyroca*** Ferruginous Duck 149
검은머리흰죽지/***Aythya marila*** Greater Scaup 150
댕기흰죽지/***Aythya fuligula*** Tufted Duck 152
흰줄박이오리/***Histrionicus histrionicus*** Harlequin Duck 154
바다꿩/***Clangula hyemalis*** Long-tailed Duck 156
검둥오리/***Melanitta (nigra) americana*** Black Scoter 158
검둥오리사촌/***Melanitta deglandi*** White-winged Scoter 160
흰뺨오리/***Bucephala clangula*** Common Goldeneye 162
흰비오리/***Mergus albellus*** Smew 164
바다비오리/***Mergus serrator*** Red-breasted Merganser 166
비오리/***Mergus merganser*** Goosander/Common Merganser 168
호사비오리/***Mergus squamatus*** Scaly-sided Merganser/Chinese Merganser 170

바다오리과 Alcidae 172

바다쇠오리/***Synthliboramphus antiquus*** Ancient Murrelet 172
뿔쇠오리/***Synthliboramphus wumizusume*** Crested Murrelet 174
알락쇠오리/***Brachyramphus perdix*** Long-billed Murrelet 175
작은바다오리/***Aethia pusilla*** Least Auklet 176
흰눈썹바다오리/***Cepphus carbo*** Spectacled Guillemot 177
바다오리/***Uria aalge*** Common Murre/Guillemot 178
큰부리바다오리/***Uria lomvia*** Thick-billed Murre/Brünnich's Guillemot 179
흰수염바다오리/***Cerorhinca monocerata*** Rhinoceros Auklet 180

두루미과 Gruidae 181
캐나다두루미/*Grus canadensis* Sandhill Crane 181
검은목두루미/*Grus grus* Common Crane 182
흑두루미/*Grus monacha* Hooded Crane 184
두루미/*Grus japonensis* Red-crowned Crane 186
재두루미/*Grus vipio* White-naped Crane 188
시베리아흰두루미/*Grus leucogeranus* Siberian White Crane 190
쇠재두루미/*Anthropoides virgo* Demoiselle Crane 191

뜸부기과 Rallidae 192
흰눈썹뜸부기/*Rallus aquaticus* Water Rail 192
알락뜸부기/*Coturnicops exquisitus* Swinhoe's Rail 193
쇠뜸부기/*Porzana pusilla* Baillon's Crake 194
쇠뜸부기사촌/*Porzana fusca* Ruddy-breasted Crake 196
흰배뜸부기/*Amaurornis phoenicurus* White-breasted Waterhen 198
뜸부기/*Gallicrex cinerea* Watercock 200
쇠물닭/*Gallinula chloropus* Common Moorhen 202
물닭/*Fulica atra* Common Coot 204

물꿩과 Jacanidae 206
물꿩/*Hydrophasianus chirurgus* Pheasant-tailed Jacana 206

호사도요과 Rostratulidae 208
호사도요/*Rostratula benghalensis* Greater Painted Snipe 208

검은머리물떼새과 Haematopodidae 210
검은머리물떼새/*Haematopus ostralegus* Eurasian Oystercatcher 210

장다리물떼새과 Recurvirostridae 212
장다리물떼새/*Himantopus himantopus* Black-winged Stilt 212
뒷부리장다리물떼새/*Recurvirostra avosetta* Pied Avocet 214

제비물떼새과 Glareolidae 216
제비물떼새/*Glareola maldivarum* Oriental Pratincole 216

물떼새과 Charadriidae 218
흰죽지꼬마물떼새/*Charadrius hiaticula* Common Ringed Plover 218
꼬마물떼새/*Charadrius dubius* Little Ringed Plover 220
흰목물떼새/*Charadrius placidus* Long-billed Plover 222
흰물떼새/*Charadrius alexandrinus* Kentish Plover 224
왕눈물떼새/*Charadrius mongolus* Lesser Sand Plover 226
큰왕눈물떼새/*Charadrius leschenaultii* Greater Sand Plover 228

검은가슴물떼새/*Pluvialis fulva* Pacific Golden Plover 230

개꿩/*Pluvialis squatarola* Grey Plover 232

댕기물떼새/*Vanellus vanellus* Northern Lapwing 234

민댕기물떼새/*Vanellus cinereus* Grey-headed Lapwing 236

큰물떼새/*Charadrius veredus* Oriental Plover 237

흰눈썹물떼새/*Charadrius morinellus* Eurasian Dotterel 238

도요과 Scolopacidae 239

누른도요/*Tryngites subruficollis* Buff-breasted Sandpiper 239

꼬까도요/*Arenaria interpres* Ruddy Turnstone 240

좀도요/*Calidris ruficollis* Red-necked Stint 242

작은도요/*Calidris minuta* Little Stint 244

흰꼬리좀도요/*Calidris temminckii* Temminck's Stint 246

세가락도요/*Calidris alba* Sanderling 248

종달도요/*Calidris subminuta* Long-toed Stint 250

메추라기도요/*Calidris acuminata* Sharp-tailed Sandpiper 252

민물도요/*Calidris alpina* Dunlin 254

붉은가슴도요/*Calidris canutus* Red Knot 256

붉은갯도요/*Calidris ferruginea* Curlew Sandpiper 257

붉은어깨도요/*Calidris tenuirostris* Great Knot 258

넓적부리도요/*Eurynorhynchus pygmeus* Spoon-billed Sandpiper 260

송곳부리도요/*Limicola falcinellus* Broad-billed Sandpiper 262

목도리도요/*Philomachus pugnax* Ruff 264

학도요/*Tringa erythropus* Spotted Redshank 266

붉은발도요/*Tringa totanus* Common Redshank 268

쇠청다리도요/*Tringa stagnatilis* Marsh Sandpiper 270

청다리도요/*Tringa nebularia* Common Greenshank 272

청다리도요사촌/*Tringa guttifer* Spotted Greenshank 274

삑삑도요/*Tringa ochropus* Green Sandpiper 276

알락도요/*Tringa glareola* Wood Sandpiper 278

깝작도요/*Actitis hypoleucos* Common Sandpiper 280

노랑발도요/*Heteroscelus brevipes* Grey-tailed Tattler 282

뒷부리도요/*Xenus cinereus* Terek Sandpiper 283

흑꼬리도요/*Limosa limosa* Black-tailed Godwit 284

큰뒷부리도요/*Limosa lapponica* Bar-tailed Godwit 286

긴부리도요/*Limnodromus scolopaceus* Long-billed Dowitcher 288

큰부리도요/*Limnodromus semipalmatus* Asiatic Dowitcher 289

쇠부리도요/*Numenius minutus* Little Whimbrel/Little Curlew 290

중부리도요/***Numenius phaeopus*** Whimbrel 292
마도요/***Numenius arquata*** Eurasian Curlew 294
알락꼬리마도요/***Numenius madagascariensis*** Far Eastern Curlew 296
큰꺅도요/***Gallinago hardwickii*** Latham's Snipe / Japanese Snipe 298
꺅도요사촌/***Gallinago megala*** Swinhoe's Snipe 300
바늘꼬리도요/***Gallinago stenura*** Pintail Snipe 302
꺅도요/***Gallinago gallinago*** Common Snipe 304
청도요/***Gallinago solitaria*** Solitary Snipe 306
멧도요/***Scolopax rusticola*** Eurasian Woodcock 307
지느러미발도요/***Phalaropus lobatus*** Red-necked Phalarope 308

도둑갈매기과 Stercorariidae 310
북극도둑갈매기/***Stercorarius parasiticus*** Arctic Skua/Parasitic Jaeger 310
넓적꼬리도둑갈매기/***Stercorarius pomarinus*** Pomarine Jaeger 311

갈매기과 Laridae 312
큰검은머리갈매기/***Larus ichthyaetus*** Great Black-headed Gull 312
붉은부리갈매기/***Larus ridibundus*** Black-headed Gull 314
검은머리갈매기/***Larus saundersi*** Saunders's Gull / Chinese black-headed Gull 316
고대갈매기/***Larus relictus*** Relict Gull 318
괭이갈매기/***Larus crassirostris*** Black-tailed Gull 320
갈매기/***Larus canus*** Mew Gull 322
재갈매기/***Larus vegae*** Vega Gull/East Siberian Gull 324
재갈매기/***Larus vegae*** Vega Gull 326
노랑발갈매기/한국재갈매기/***Larus mongolicus*** Mongolian Gull 328
노랑발갈매기/한국재갈매기/***Larus mongolicus*** Mongolian Gull 330
줄무늬노랑발갈매기/***Larus heuglini*** Taimyr Gull/ Siberian Gull 332
큰재갈매기/***Larus schistisagus*** Slaty-backed Gull 334
수리갈매기/***Larus glaucescens*** Glaucous-winged Gull 336
흰갈매기/***Larus hyperboreus*** Glaucous Gull 338
세가락갈매기/***Rissa tridactyla*** Black-legged Kittiwake 340
쇠제비갈매기/***Sterna albifrons*** Little Tern 342
제비갈매기/***Sterna hirundo*** Common Tern 344
흰죽지갈매기/***Chlidonias leucopterus*** White-winged Black Tern 346
구레나룻제비갈매기/***Chlidonias hybrida*** Whiskered Tern 348
큰부리제비갈매기/***Gelochelidon nilotica*** Gull-billed Tern 350
붉은부리큰제비갈매기/***Sterna caspia*** Caspian Tern 351
검은등제비갈매기/***Onychoprion fuscata*** Sooty Tern 352
에위니아제비갈매기/***Onychoprion anaethetus*** Bridled Tern 353

부록 355
참고문헌 356
국명 찾아보기 362
학명 찾아보기 371
영명 찾아보기 382

책을 내며

한국의 야생조류 길잡이

길잡이

이 책은 한국에 서식하는 조류를 대상으로 야외에서 종을 명확하게 구별하는데 도움이 되고자 발간하였다. 본문의 내용은 야외에서 관찰한 경험을 토대로 서술하였으며, 다른 종과 매우 비슷하여 구별이 힘들거나 현재 관찰이 거의 불가능한 종은 표본자료 및 전문서적을 참고로 하여 서술하였다.

새를 처음 접했을 때에는 보다 새롭고, 보다 많은 종을 보려는 욕구가 강하여 전국을 누비고 돌아다닌다. 그러나 점점 많은 종을 보면서 외형적으로 비슷한 종이 많음을 인식하고 종 구별이 어려운 종들이 있음을 알게 된다. 나름대로 동정 방법을 발견하고 이에 따라 종을 구별하지만 간혹 실제와 달리 잘못 동정하는 경우도 있으며, 너무도 쉬운 것을 놓치고 있다가 갑작스럽게 동정 방법을 발견하는 경우도 있다.

각 종을 명확하게 구별하기 위해서는 우선 각 종만이 가지고 있는 특징 또는 다른 종과 구별할 때 주의해야 할 부분 등을 익혀야 한다. 보다 정확하게 종을 구별하기 위해 우선적으로 알아야 할 사항은

첫째, 몸 각 부위의 명칭을 익힌다.

현재까지 한국에는 새의 부위를 알기 쉽게 우리말로 명명한 문헌이 드물며, 구체적인 부분까지 언급하고 있지 않은 실정이다. 이 같은 상황에서 새를 정확히 구별하는데 한계가 있기 마련이다. 따라서 이 책에서는 약간 세부적인 부분까지 명칭을 부여하고 설명하였다. 예를 들면 통상 날개깃이란 명칭을 보다 세분하여 첫째날개깃, 둘째날개깃, 셋째날개깃이란 이름을 부여하였으며, 날개덮깃은 큰날개덮깃, 가운데날개덮깃, 작은날개덮깃으로 구분하였다.

둘째, 주요한 깃 부위별 및 몸 부위별 길이 차이, 크기 등을 익힌다.

첫째날개깃과 셋째날개깃 간의 길이 차이, 앉아 있을 때 날개가 꼬리 뒤로 돌출되는지 여부 등은 일부 조류의 종 구별에 많은 도움을 준다. 북방쇠종다리는 첫째날개깃이 셋째날개깃보다 길며, 쇠종다리는 셋째날개깃이 첫

째날개깃보다 길다는 사실을 알고 있다면 두 종의 구별에 큰 문제가 없을 것이다. 또한 꺅도요류, 발종다리류, 도요류, 제비딱새류 등의 일부 종도 날개 길이 차이에 의해서도 종 구별이 결정된다. 부리와 머리 길이 간의 비율, 눈의 크기, 발목의 길이 및 두께 등도 유심히 살펴봐야 한다.

셋째, 연령, 성별에 따라 각 부위의 깃털모양과 색이 다름을 인식한다.
날개덮깃(큰날개덮깃, 가운데날개덮깃, 작은날개덮깃), 꼬리깃의 모양 및 색깔 등은 연령을 구별하는데 많은 도움이 된다. 보통 어린새(juvenile)와 1회 겨울깃은 날개덮깃 가장자리에 연한 무늬가 있는 경우가 많고, 꼬리 및 날개깃이 마모에 의해 뾰족한 모양을 하는 경우가 많다. 성조의 깃털은 화려하거나 명확한 색을 가지며 깃 끝이 둥그스름한 모양이 대부분이다.

넷째, 깃털갈이에 대한 일반적인 특성을 이해한다.
깃털갈이는 종 및 연령에 따라 깃털갈이의 진행속도, 깃털갈이 장소(번식

| 어린새 | 성조 |
| 1회 겨울깃 꼬리깃 | 성조 꼬리깃 |

지, 중간 기착지 혹은 월동지), 깃털갈이 정도(완전 깃털갈이, 부분 깃털갈이) 등이 매우 복잡하게 진행되는 경우가 많아 이해하기 힘든 분야이다. 그러나 깃털갈이에 대한 대략적인 패턴을 익히는 것은 연령 및 성별을 구별하는데 많은 도움이 된다.

다섯째, 각 종의 행동습성, 서식지 조건 등을 익히는 것도 종 구별에 많은 도움을 준다.
매우 비슷하게 생겨 야외에서 구별이 힘든 경우 그 종의 울음소리, 앉는 자세, 관찰되는 환경 등에 대한 특징을 알고 있으면 쉽게 구별이 되는 경우도 있다. 두견이과의 두견이, 뻐꾸기, 검은등뻐꾸기 등은 생김새가 매우 비슷하지만 울음소리와 서식환경이 다르며, 서로 유사한 잿빛개구리매와 붉은배새매도 서식지와 관찰시기가 다르다. 이 책은 서식조건 및 행동 등을 가능한한 자세히 기록하였으며 '닮은종' 부분에 가장 비슷한 종을 언급하기도 했다.

이 책이 새를 찾는 사람들이 보다 명확하게 새를 구별하고 이해하는데 작은 도움이 되길 희망한다.

한반도의 새

'한국의 조류' (원, 1993)는 1992년 11월까지 한국에서 기록된 394종을 수록하였고, '한국의 새' (이 등, 2000)에서는 41종을 추가하여 총 435종을 수록하였다. 그 후 한국에 기록이 없던 큰군함조, 긴다리사막딱새, 파랑딱새, 부채꼬리바위딱새, 노랑배진박새 등이 추가로 기록되어 현재 약 510여 종이 기록되고 있다. 이 책은 지금까지 한국에 알려진 종 중 저자가 야외에서 관찰한 종을 대상으로 총 69과 434종(물새 185종, 산새 249종)을 수록하였으며, 일부 사진자료를 확보하지 못한 종은 표본 사진으로 대치하였다.

종의 수록 순서는 바다새, 수금류, 산새 순으로 하였다. 그러나 비교의 편이를 위해 일부 유사한 종을 가깝게 배치하여 분류학적 순서와 다를 수 있다.

항목

종명, 학명, 영명의 순으로 기록하였고 그 다음으로 '전장(단위 cm)'을 기록하였다. L 다음의 수치가 전장이다. 학명은 Dickinson(2003)의 The Howard and Moore Complete Checklist of the Birds of the World를 기초로 하였으며, 최근 새롭게 알려진 사실들에 대해서는 분류군별 조류도감을 참고로 하였다. 전장은 저자가 표본제작 및 사체를 습득시 직접 측정한 자료를 기록하였거나 표본을 확인하지 못한 종은 국내외 전문 서적에 의존하였다. 그러나 각 지역에 따라 동일종이라도 크기가 약간씩 다르기 때문에 일부 종에서는 차이가 있을 수 있다. 한국에 서식하는 조류의 측정 자료가 너무 부족한 실정이어서 차후 각 부위에 대한 측정치에 대한 자료 수집이 절실하다.

종명은 통상적으로 부르는 명칭으로 이름을 부여하였다. 종에 따라 부르는 이름이 2개 이상일 경우 한국의 새(이 등, 2000)에 기초해서 기록하였으며, 최근에 새롭게 기록된 종명은 최초 기록자의 의도를 반영하였다.

학명은 세계적으로 통상 사용하는 학술상의 이름으로 라틴어로 표기하였으며, 이명법을 따랐는데 처음이 속명이며 그 다음이 종명, 마지막으로 아종명을 기록하였다. 일부 종의 경우 과거 서적과 학명이 다른 것은 새로운 연구결과에 의해 재분류하였기 때문이다. 과거에 아종으로 취급하였다가 현재 별개의 종으로 재분류된 종이 상당수 있다.

한반도에 분포하는 종은 (1) 아종으로 분화하지 않은 종, (2) 여러 아종으로 분화되어 있지만 한반도에는 1아종만이 분포하는 종, (3) 한반도에 2아종 이상이 분포하는 종으로 나눌 수 있다. 이 책에서 언급한 아종은 야외에서 식별이 가능하거나 가락지 부착조사시 손에 잡았을 때 자세히 관찰해야만 종이 구별되는 아종도 언급하였다.

영명은 영어권에서 사용하는 명칭을 기록하였다. 영명의 경우 한 가지 이상의 명칭이 동시에 쓰이는 경우가 많지만 이 책에서는 가장 보편적으로 쓰이는 것을 선택했으며 일부 슬래쉬로 표기한 것은 동시에 두 가지 명칭이 두루 쓰이는 경우이다.

서식

각 종에 대한 분포지역 및 번식지역을 전 세계적으로 설명하는 것을 원칙으로 하였으며 한반도 전역을 대상으로 텃새, 철새, 나그네새, 길잃은새(미조) 등 이동성에 대한 분류와 월동지에 관해 언급하였다. 그리고 간단히 서식환경을 다루었다.

행동

습성, 비행방법, 걷는 방법, 동작 등과 다른 독특한 동작 등을 기록하였다. 먼거리에 있거나 너무 빨리 시야에서 사라지는 종의 경우 각 종에 대한 행동 패턴을 기록하는 것도 도움이 된다. 산솔새는 나무 수관층에서 생활하는 반면 되솔새, 솔새사촌 등은 지면을 기듯이 생활하며, 노랑할미새는 자갈이 있는 개울에서 서식하는 반면, 긴발톱할미새는 초지, 밭에서 먹이를 찾는다.

특징

전체적인 크기, 깃털색, 부위별 특징 등을 성별 및 연령에 따라 기록하였다. 두견이와 뻐꾸기는 크기 차이에 의해 쉽게 구별되며, 검독수리같은 aquila속의 맹금류는 발목까지 깃털이 덮는 반면, 흰꼬리수리와 참수리 등은 발목에 깃털이 없어 먼거리에서도 발목이 노란색으로 보인다.

깃털색의 표현에 있어서는 색이 상당히 복잡하기 때문에 문자로 표현하기가 상당히 어렵다. 관찰할 때 광선, 야외환경, 그리고 관찰자의 주관적 판단에 따라 여러 색으로 표시될 수 있다. 따라서 이 책에서 표시하는 색과 실제로 관찰할 때의 색이 다를 수 있다.

닮은종

야외에서 혼동되는 비슷한 종을 명시하고 그 종에 대해 간단히 기록하였으며, 식별시 주의점 등을 기록하였다.

쇠부엉이와 칡부엉이는 매우 비슷한 모습을 띠고 있어 날개 끝, 가슴 무늬 등을 자세히 관찰해야 한다. 그러나 쇠부엉이가 들녘에서 서식하는 반면 칡부엉이는 산림에서 서식하는 특성이 있어 서식환경 차이의 이해는 닮은종의 구별에 큰 도움이 된다.

사진

이 책에 수록된 사진은 필자가 1985년부터 최근까지 야외에서 촬영한 사진을 수록하였다. 그러나 필자가 촬영하지 못한 종의 일부는 조류 애호가로부터 사진 협조를 받아 사용하였다. 사진 자료를 협조해 주신 분은 다음과 같다. 강정훈, 강창완, 강희만, 강희영, 곽호경, 김동원, 김동현, 김병수, 김성진, 김성현, 김수만, 김수일, 김신환, 김영준, 김은미, 김인철, 김정훈, 김주현, 김지석, 김현태, 박건석, 박병우, 박주영, 박주현, 박중록, 박형욱, 서한수, 심규식, 양현숙, 유대호, 윤순영, 윤주문, 이규열, 이도한, 이성원, 이종렬, 이정우, 정승준, 정옥식, 조순만, 진선덕, 채순규, 채승훈, 최종수, 홍길표, Bjorn Johansson, Nial Moores, Nobuhiko Kataoka, Toshikauzu ONISHI, Yuri Artukhin 님으로부터 협조를 받았다. 야외에서 힘들게 촬영한 귀중한 사진 자료 사용을 기꺼이 허락해주신 분들께 감사의 말씀을 전한다.

용어 풀이

종(Species, sp) 자연계에 서식하는 생물을 진화, 계통학적으로 분류하는 가장 중요한 기본단위이다. 형태뿐만 아니라 생태적으로도 다른 것과 달라 독립성이 있고, 무엇보다도 유전적으로 독립되고, 동일성이 있는 생물집단이다. 자연계에서 정상적인 조건에서 2개의 서로 다른 종이 동일지역에서 서식해도 교잡하지 않는다.

아종(Subspecies, ssp) 종을 세분한 분류학상의 단위이다. 동일한 종에서 주로 형태가 다르거나 지리적으로 격리되어 있는 집단이다. 일반적으로 형태적으로 거의 구별이 없을 정도로 비슷한 깃을 가지고 있는 아종관계에 있는 종이 많다. 아종을 나타낼 때에는 2명법이 아닌 3명법으로 표기한다. 즉 속명, 종명, 아종명 순으로 기술한다. 아종은 형태적으로 매우 비슷하여 야외에서 식별이 거의 불가능한 종이 있고, 형태로 보아 쉽게 구별할 수 있는 종이 있다.

형(Type) 동일종 내에서 깃털색에 차이가 있어 다른 개체와 큰 차이가 있는 개체를 일컫는다. 암색형, 적색형, 담색형, 흑색형 등이 있다.

♂(Male) 수컷을 의미하는 기호. 본문에서는 수컷으로 표기하였으며 사진 아래에는 ♂로 표기하였다.

♀(Female) 암컷을 의미하는 기호. 본문에서는 암컷으로 표기하였으며 사진 아래에는 우로 표기하였다.

새끼(Chick) 알에서 부화한 후 둥지를 떠나기 전까지의 새. 몸은 부드러운 솜털에 덮여 있고, 전적으로 어미가 물어 나르는 먹이에 의존하여 살아간다.

이소(Nest Leaving) 알에서 깨어난 새끼는 어미가 물어 나르는 먹이를 먹으며 하루가 다르게 성장하게 된다. 어린 새끼는 어느 정도 성장하여 둥지를 떠나는데 이를 '이소'라 한다.

어린새(Juvenile) 알에서 부화한 후 몸에 난 솜털을 벗고, 첫 번째 몸 깃털이 완성되고 그로부터 첫 깃털갈이(post-juvenile moult; 참새목의 경우 태어난 그 해 가을)를 하기 전까지의 새. 즉 1회 겨울깃을 가지기 전 단계. 어린새깃은 생후 단 몇 주 혹은 몇 달간 유지하는 경우도 있으며, 맹금류처럼 몇 년간 어린새깃을 유지하는 경우도 있다.

1회 겨울깃(1st Winter plumage) 어린새깃에서 첫 깃털갈이를 한 후 얻은 깃털. 즉 생후 처음 맞이하는 겨울에 가지는 깃털이다. 대부분 참새목 조류, 도요류, 갈매기류는 늦여름부터 가을까지 부분 깃털갈이를 하여 1회 겨울깃이 된다. 1회 겨울깃의 경우 일반적으로 날개깃과 꼬리깃은 어린새깃을 그대로 유지하고 몸깃만 새깃으로 간다. 그러나 닭목, 종다리류 등은 첫해 가을에 완전 깃털갈이를 실시해 성조깃과 거의 유사한 깃을 가진다.

1회 여름깃(1st Summer plumage) 1회 겨울깃에서 깃털갈이 후 얻은 깃털. 태어난 후 첫 겨울을 지내고 다음해 여름에 가지는 깃털로 보통 봄부터 깃털갈이를 시작한다. 1회 여름깃은 몸깃의 일부가 겨울깃과 유사하며 일부는 성조 여름깃과 유사하다.

2회 겨울깃(2nd Winter plumage) 1회 여름깃에서 깃털갈이 후 얻은 깃털. 즉 태어나서 두 번째로 맞이하는 겨울에 가지는 깃털이다. 참새목 조류의 경우 대부분 2회 겨울깃은 성조 겨울깃과 같은 형태가 된다. 그러나 맹금류 및 대형갈매기류 등은 2회 겨울깃에서 성조깃으로 되기까지 수 년의 세월이 걸린다.

아성조(Subadult) 어느 정도 성숙한 상태로 성조 바로 전 단계의 조류이다. 깃털색은 종마다 특유의 얼룩무늬 혹은 뚜렷하지 못한 무늬를 가지고 있는 경우가 많다.

성조(어미새, Adult) 성적으로 성숙하여 번식능력이 있는 개체이다. 많은 종의 경우 어린새와 성조간의 깃털색에서 차이가 심하다. 처음 어린새 깃털에서 한 번의 완전 깃털갈이 혹은 몇 번의 깃털갈이를 거친 후 더 이상 깃털의 변화가 없는 단계에 도달한 개체를 성조라고 한다. 따라서 다음에 깃털갈이를 하더라도 동일한 깃털색을 가지게 된다.

성조 여름깃(번식깃) 겨울 혹은 이른봄에 부분 깃털갈이(드물게 완전 깃털갈이)를 하여 얻거나 깃가장자리가 마모되어 생기는 번식기 깃이다. 일반적으로 수컷이 암컷보다 아름다운 색을 띤다.

성조 겨울깃(비번식깃) 번식깃과 대조되는 개념으로 대부분의 종은 번식 후기에 완전 깃털갈이를 하여 얻은 깃이다. 보통 암컷깃과 비슷한 색을 띠는 경우가 많다. 겨울철에 깃털이 마모된다.

치렛깃 여름철 번식기에만 잠시 동안 가지는 깃털로 쇠백로, 중백로, 노랑부리백로 등 일부 백로류의 등과 머리에 길게 돌출되어 있다. 치렛깃은 번식 후에 몸에서 떨어져 나간다.

변환깃(Eclipse) 주로 오리과 조류의 수컷에서 볼 수 있는 특징적 깃털형태. 번식기의 눈에 띄는 밝은 깃털을 깃털갈이하여 떨구고 암컷깃과 거의 같은 위장색을 가지게 되는 것을 변환깃이라 한다. 늦가을에 찾아오는 오리류에서 쉽게 볼 수 있으며 점차 깃털갈이하여 수컷과 같은 형태로 변한다. 변환깃을 한 수컷은 암컷과 거의 같지만 부리색과 날개색은 암컷과 약간 다르다.

깃털갈이(Moult) 일부 종에 대하여 깃털갈이 유형에 대해 언급하였다. 깃털갈이는 옛 깃털을 벗고 새로운 깃을 가지는 것으로 모든 종은 깃털이 마모되고 깃털의 기능이 상실됨에 따라 주기적으로 깃털갈이를 한다. 깃털갈이의 이해는 연령 구별, 성 구별 등에 큰 도움을 준다. 그러나 일반인뿐만 아니라 전문가조차도 깃털갈이의 완벽한 이해에는 많은 시간이 소요되며, 종에 따라 정확하게 어떤 형태 또는 어떤 일반적 특성을 가지고 있다라고 단정짓기 어려운 종이 많다. 그만큼 깃털갈이의 이해는 어려운 분야이다. 그러나 깃털갈이의 이해는 정확한 연령 구별 및 성 구별에 필수적이다.

어떤 종은 번식 전에 아름다운 여름깃(summer plumage)을 가지며, 번식 후에는 수수한 색을 띠는 겨울깃(winter plumage)으로 바꾼다. 깃털갈이 형태는 종에 따라 매우 다양해 어떤 종은 1년에 2회의 깃털갈이를 하는 반면 2년이 지나도 깃털갈이를 하지 않는 종이 있다.

종다리는 태어난 가을에 첫 깃털갈이를 한 후 성조깃이 되지만 대형 독수리는 5년 정도 걸려 성조깃에 도달하는 경우도 있다. 종마다 깃털갈이 패턴이 다양하게 나타나는 것은 에너지를 가장 효율적으로 절약하기 위한 방법이다. 맹금류의 경우 먹이를 잡기 위해서는 비행능력이 무엇보다도 우선하며 이에 따라 날개깃의 깃털갈이는 연속적으로 일어나며 1회에 2개 혹은 3개의 깃을 갈아 비행능력에 영향을 미치지 않는다. 오리류는 한 번에 모든 깃을 깃털갈이하는 관계로 일정 기간 동안 비행능력을 상실한다.

완전 깃털갈이(Complete Moult) 한 번의 깃털갈이 시기에 몸깃을 포함한 날개깃과 꼬리깃을 깃털갈이하는 것. 주로 성조의 깃털갈이 전략으로 여름 번식기에 이같은 완전 깃털갈이를 한다. 즉 새끼를 기르면서 성조의 깃털이 하나둘씩 빠지고 새로운 깃이 성장하는데 보통 참새목 조류의 경우 월동지로 이동하기 전 혹은 겨울이 오기 전에 번식지에서 완전 깃털갈이를 마친다. 그러나 열대지방에서 겨울을 나는 제비, 솔새 등 일부 종은 번식지에서 깃털갈이를 하지 않고 월동지로 이동 후에 깃털갈이를 한다.

부분 깃털갈이(Partial Moult) 날개깃과 꼬리깃은 깃털갈이를 하지 않은 채 몸깃과 날개덮깃을 깃털갈이하는 것. 셋째날개깃과 1~2개의 안쪽 둘째날개깃을 깃털갈이하는 경우도 부분 깃털갈이에 포함된다. 주로 어린새에서 볼 수 있는 특징이다. 그 해 태어난 어린새는 번식지에서 부분 깃털갈이를 실시하여 1회 겨울깃을 얻은 경우가 대부분이지만 종에 따라 다양한 깃털갈이 형태가 있다. 적지 않은 종은 월동지(늦은 겨울 혹은 이른봄)에서 다시 한 번 부분 깃털갈이를 하여 1회 여름깃을 얻는 경우도 있다.

첫 깃털갈이(Post-juvenile Moult) 새끼가 성장하여 어린새(juvenile)깃을 가지고 둥지를 떠난 후 처음으로 어린새깃의 일부 혹은 전부를 깃털갈이하는 것을 '첫 깃털갈이'라고 한다. 참새목의 경우 태어난 그 해 여름 혹은 가을에 첫 깃털갈이를 한다. 대부분의 참새목 조류의 첫 깃털갈이는 몸깃, 머리, 날개덮깃 일부, 셋째날개깃 일부를 깃털갈이하며 종종 중앙꼬리깃을 포함하는 경우도 있다. 그러나 참새, 오목눈이, 종다리, 개개비사촌 같은 종은 첫 깃털갈이를 완전 깃털갈이하여 가을 이동시기에 연령 식별이 매우 힘든 경우도 있다.

이동(Migration) 한반도를 통과하는 대부분의 철새는 남쪽에서 북쪽으로(또는 북쪽에서 남쪽으로) 이동하는 반면에 일부 벌매, 왕새매 등의 맹금류는 일본열도에서 한반도 남해안을 거쳐 동남아시아로 이동하는 경우도 있다.

대부분의 참새목 조류는 타고난 본능에 의해 별자리, 태양, 지구의 자기장을 이용하여 비행한다. 그러나 두루미, 기러기, 황새 등은 지형지물을 이용해 비행하기 때문에 어린새는 어미와 동행하여 길을 익히는 과정이 필요하다. 이동성 조류는 이동에서 오는 위험과 스트레스를 줄이기 위해 서로 다른 이동전략을 구상한다. 많은 참새목 조류와 도요류는 맹금류의 공격을 피해 밤에 이동하는 습성이 있다. 어떤 종은 짧은 거리를 이동하며 중간 중간에서 먹이를 찾는 반면, 어떤 종은 휴식 없이 장거리를 이동하기도 한다. 이동을 위한 연료는 체내 지방층으로 일부 참새목 조류와 도요류는 몸무게의 50%가 지방으로 채워지기도 한다.

텃새(Resident) 계절의 변동에 따라 이동하지 않고 1년 내내 한반도에 머무는 종이다. 계절에 따라 서식지의 형태를 바꾸는 경우도 있으며, 여름에는 주로 곤충을 먹고, 겨울에는 씨앗을 먹는 경우가 많다. 박새과, 동고비과 등은 연중 산림 내에서 서식하지만, 숲에서 사는 종이 겨울에 개방된 들판으로 이동하기도 한다. 때까치 같은 종은 번식기에 산림 내 혹은 고산지역으로 이동하고 겨울에는 들판으로 이동한다.

철새(Migrant) 계절의 변화에 따라 정기적으로 월동지와 번식지를 오가는 조류. 이들 철새는 정해진 경로를 따라 먼거리를 이동하게 된다.

여름철새(Summer Visitor) 봄에 동남아시아의 여러 나라에서 긴 여행으로 한반도에 도착한 후 여름에 둥지를 틀고 번식에 들어가는 종이다. 번식 후 가을이 되면 어린새와 함께 다시 남부로 이동한다. 대부분이 아름다운 깃털을 가진 소형 조류가 여름철새로 찾아온다.

겨울철새(Winter Visitor) 한반도보다 북쪽에서 번식한 후 겨울에 먹이를 찾아 남하해 오는 종으로 대부분이 무리를 이룬다. 봄이 되면 다시 번식을 위해 무리를 이루어 북상한다. 많은 수의 기러기류, 오리류가 서해안의 습지에서 월동한다. 검은멧새와 같은 일부의 종은 일본열도에서 한반도 남부지역으로 이동하는 종도 있다.

나그네새(Passage Migrant) 철새의 일종으로 한반도보다 북쪽지방에서 번식하고, 동남아시아, 호주, 뉴질랜드 등지에서 월동하는 종이다. 따라서 번식을 위해 봄철 한반도를 잠시 동안 스쳐 지나가기 때문에 여름철에는 볼 수 없고, 북방에서 번식을 마친 후 가을에 동남아시아로 이동할 때 한반도의 숲과 해안가에 잠시 모습을 드러내는 종이다. 대부분의 도요류는 봄·가을에 큰 무리를 이루어 한반도 서해안의 갯벌, 염전, 논을 통과하며, 참새목 조류는 주로 남서해안의 무인도 및 외딴 섬을 통과한다.

길잃은새(미조, 迷鳥, Vagrant) 태풍 같은 기상변화 혹은 기타 이유로 정해진 경로를 벗어나 그 종이 찾아오지 않는 곳에 돌연히 나타나는 종. 알바트로스, 사다새, 수염오목눈이, 큰지느러미발도요, 붉은부리까마귀 등이 여기에 속한다.

번식기(Breeding Season) 번식과 관계되는 시기로서 둥지를 틀고 새끼를 기르는 시기.

비번식기(Nonbreeding Season) 번식기와 대응되는 것으로 번식과 관계가 없는 시기.

세력권(Territory) 한 종이 일정한 영역을 정해 놓고 자신의 영역을 방위하는 공간을 세력권이라 한다. 번식기에 조류는 다른 종보다는 동종의 새가 둥지 근처에 들어오는 행동을 무척 경계한다.

탁란(Brood Parasitism) 자기가 직접 둥지를 만들지도 않을 뿐만 아니라, 알을 다른 새의 둥지에 위탁하여 포란시키는 습성. 한국에서는 두견이과의 새들이 탁란 습성이 있다. 뻐꾸기는 탁란하는 대표적인 조류로서 딱새, 붉은머리오목눈이 등의 작은 새둥지에 알을 낳는다.

포란기간(Incubation Period) 암컷이 알을 낳은 후 알품기에 들어가서부터 새끼가 태어나기까지 어미가 알을 품는 기간.

서식지(Habitat) 조류가 살아가는 삶의 장소로서 종마다 독특한 서식공간을 가지고 있다. 보통 서식공간의 차이에 따라 산새, 물새, 바다새 등 여러 유형으로 나눈다.

번식지(Breeding Area) 둥지를 틀고 새끼를 기르는 장소. 보통 번식기에는 독립적인 영역을 확보하고 둥지를 짓기 위해 다른 개체와 경쟁하는 경우가 많다. 많은 종이 매년 동일 번식장소로 찾아와 둥지를 튼다. 갈매기류와 가마우지 같은 바다새들의 대부분은 해마다 일정한 번식지에 집단으로 모여들어 둥지를 튼다.

집단번식지(Colony) 비교적 가까운 거리에 둥지를 만들고 집단으로 무리를 이루어 번식하는 장소를 의미한다. 대부분의 갈매기류, 가마우지류, 백로류, 얼가니새, 바다쇠오리 같은 바다새가 천적이 없는 무인도에서 집단번식지(콜로니)를 만든다. 콜로니는 동일종이 만드는 경우와 서로 다른 종이 만드는 경우가 있다.

지저귐(Song 또는 Display call) 지저귐은 세력권을 주장하거나 암컷을 매혹하고 짝간에 유대를 강화하는 수단으로 수컷이 내는 소리이며 드물게 암컷이 지저귀는 경우도 있다. Song은 참새목 조류가 내는 소리이고 Display call은 비참새목 조류가 번식기에 내는 소리이다.

울음소리(Call) 같은 종의 다른 개체를 부르거나 무리 안에서 다른 개체와 접촉을 유지하는데 내는 소리로 보통 짧게 낸다. 또한 드물게 세력권을 주장할 때에 내는 경우도 있다. 울음소리에는 도요류가 날아오르며 짧게 내는 비상음(Flight call), 둥지주변에 천적이 나타날 경우 격양된 음조를 내는 경계음(Alarm call), 새끼가 어미새에게 먹이를 조르거나 성조 암컷이 수컷에게 먹이를 달라고 졸라대는 간청음(Begging call) 등이 있다.

범상(Soaring) 공기의 흐름을 이용하여 날갯짓을 하지 않고 오랫동안 비행하는 것. 일반적으로 맹금류는 넓은 날개를 이용하여 원형을 그리면서 하늘을 맴도는 행동을 한다. 해조류인 슴새와 알바트로스 또한 바람의 흐름을 이용하여 해양을 미끄러지듯이 범상비행을 한다.

정지비행(Hovering) 공중의 일정한 장소에 머물면서 빠른 날개짓을 하는 비행형태로 보통 꼬리는 모두 펼치고 머리는 지상을 향한다. 이 행동은 지상이나 수면 위로 떠오른 먹이를 잡기 위한 행동이다. 황조롱이 같은 맹금류는 쥐를 잡을 때, 쇠제비갈매기는 수면에 떠오르는 먹이를 잡을 때 주로 정지비행을 한다.

활공(Gliding) 날개짓을 하지 않고 공중을 미끄러지듯이 나는 비행형태. 맹금류와 일반 조류의 상당수가 날개짓을 하다가 잠시 동안 미끄러져 비행하고, 다시 날개짓을 하는 행동을 취한다.

각 부위 명칭

날개(wing)

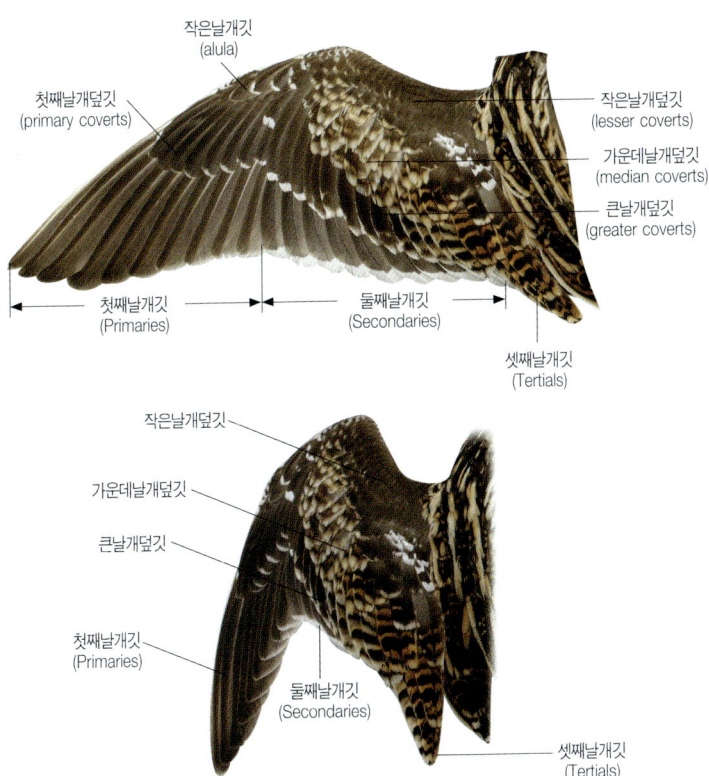

3개의 부분으로 나누어진다. 날개의 외측부분은 사람의 손에 해당하는 부위로 **첫째날개깃**(Primaries)이라 부른다. 보통 참새목 조류는 10장의 첫째날개깃을 가지는데 일부 도요류, 갈매기류, 참새목 조류는 가장 바깥쪽 깃이 매우 작아 야외에서 관찰이 어렵다. 날개가 긴 대형 바다새는 첫째날개깃이 10장 이상인 경우가 많다.

팔에 해당되는 부분은 **둘째날개깃**(Secondaries)이며 보통 9장에서 30장까지 종에 따라 차이가 있다. 둘째날개깃의 안쪽부분을 통상 **셋째날개깃**(Tertials)이라 부르며 3장에서 5장까지 종에 따라 다르다.

날개덮깃(Coverts) 첫째날개깃을 덮는 깃을 첫째날개덮깃이라 부르며 둘째날개깃을 덮는 것을 큰날개덮깃, 가운데날개덮깃, 작은날개덮깃이라 부른다.

작은날개깃(Alula) 첫째날개덮깃의 윗부분을 덮는 깃으로 보통 3장으로 되어 있다.

날개선(Wing-bars) 날개덮깃 끝 혹은 날개깃 기부가 흐린 색 또는 어두운 색을 띠어 줄무늬를 이루는 것을 말한다. 상당수의 도요새는 큰날개덮깃 가장자리가 흰색으로 흰색 날개선이 보이며, 일부 참새목 조류의 경우 앉아 있을 때 큰날개덮깃과 가운데날개덮깃의 가장자리가 흰색으로 두 개의 날개선이 보이는 경우가 있다. 날개선의 유무, 색깔, 형태 등은 연령을 구별하는데 많은 도움이 되기도 한다.

이 책의 이용 방법

낱쪽보기

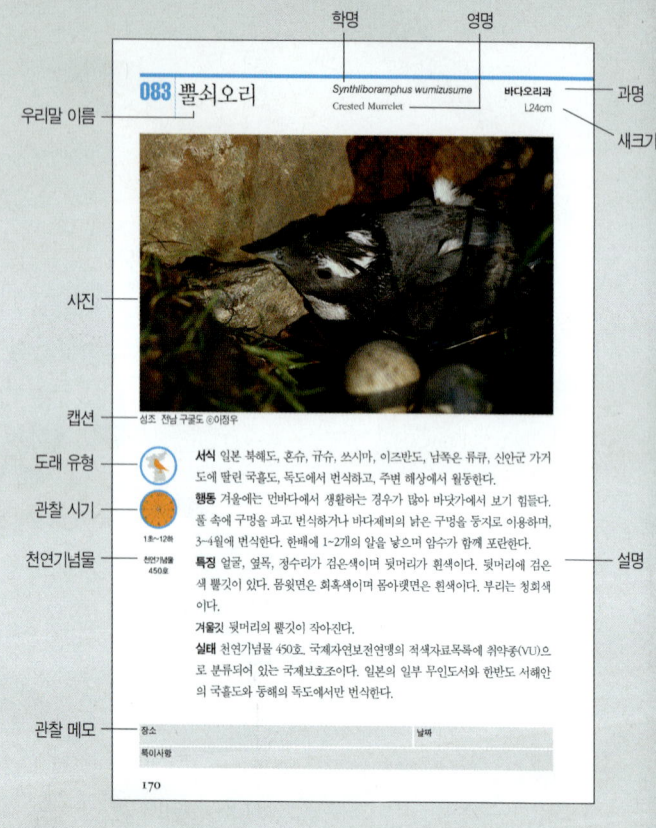

- 우리말 이름
- 학명
- 영명
- 과명
- 새크기
- 사진
- 캡션
- 도래 유형
- 관찰 시기
- 천연기념물
- 설명
- 관찰 메모

083 뿔쇠오리 *Synthliboramphus wumizusume* Crested Murrelet — 바다오리과 L24cm

성조 전남 구굴도 ⓒ이청우

서식 일본 북해도, 혼슈, 규슈, 쓰시마, 이즈반도, 남쪽은 류큐, 신안군 가거도에 딸린 국흘도, 독도에서 번식하고, 주변 해상에서 활동한다.

행동 겨울에는 먼바다에서 생활하는 경우가 많아 바닷가에서 보기 힘들다. 풀 속에 구멍을 파고 번식하거나 바다제비의 낡은 구멍을 둥지로 이용하며, 3~4월에 번식한다. 한배에 1~2개의 알을 낳으며 암수가 함께 포란한다.

특징 얼굴, 옆목, 정수리가 검은색이며 뒷머리가 흰색이다. 뒷머리에 검은색 뿔깃이 있다. 몸윗면은 회흑색이며 몸아랫면은 흰색이다. 부리는 청회색이다.

겨울깃 뒷머리의 뿔깃이 작아진다.

실태 천연기념물 450호. 국제자연보전연맹의 적색자료목록에 취약종(VU)으로 분류되어 있는 국제보호조이다. 일본의 일부 무인도서와 한반도 서해안의 국흘도와 동해의 독도에서만 번식한다.

장소		날짜
특이사항		

1월~12월

천연기념물 450호

아이콘표기

■ **도래 유형**

텃새　여름철새　겨울철새　나그네새　길잃은새

조류의 이동상을 근거로 하여 도래 유형을 총 5가지로 나누었다. 2가지 이상의 도래 유형을 보이는 종은 가장 많이 보이는 유형을 먼저 표기하고, 그 다음 많이 보이는 유형을 그 아래에 표기하였다. 또한 도래 유형이 불명확할 경우 물음표를 삽입하였다. 남한에 서식하지 않고 북한에서만 서식하는 종은 도래 유형을 표기하지 않았다.

■ **관찰 시기**

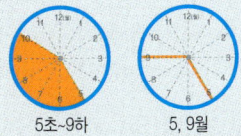

5초~9하　　5, 9월

보통 한반도 중남부지역을 기준으로 그 종이 처음 도래하는 시기와 최종적으로 모습을 감추는 시기를 달로 표기하고, 아라비아 숫자와 함께 주황색으로 표시하였다. 또한 길잃은새와 같이 불규칙하게 도래하는 종의 경우에는 주황색 선으로 표기하고, 현재까지 그 종이 관찰된 달을 숫자로 표시하였다.

■ **천연기념물**

학술적 가치가 높아 그 보호와 보존을 법률로써 지정한 조류의 경우 천연기념물 지정번호를 표시하였다.

001 아비

Gavia stellata
Red-throated Diver/Red-throated Loon　L61~68cm

겨울깃　2월 3일　전남 흑산도

11초~3하

서식 유라시아와 북아메리카 북부에서 번식하고, 온대 북부의 여러 지역에서 월동한다. 국내는 먼바다에서 생활하는 드문 겨울철새이지만 간혹 바다와 만나는 하천 하류에서도 볼 수 있다. 월동 중 파도가 높은 날에는 강 하구, 연안쪽으로 이동하는 개체도 있다.

행동 1마리 또는 여러 마리가 거리를 두고 생활하며 잠수하여 물고기를 잡아먹는다.

특징 아비류 중 가장 작다. 부리가 가늘며 아랫부리가 위쪽으로 굽었다. 목이 가늘고 길다.

겨울깃 등과 날개깃에 작은 흰색 반점이 흩어져 있어 다른 아비류와 쉽게 구별된다. 다른 아비에 비해 머리가 더 밝은 색이다. 옆목의 검은색과 흰색의 경계가 명확하게 끊어지지 않는다. 성조의 홍채는 등적색이며 어린새는 암색이다.

번식깃 목앞에 적갈색의 큰 무늬가 있다.

1회 겨울깃 등과 날개덮깃의 흰색 반점의 일부는 어린새깃의 특징(V자형)을 보이고 일부는 성조깃(명확한 흰색 반점)의 특징을 보인다.

아비과

어린새 날개덮깃과 등깃 가장자리에 'V'형의 흰색 반점이 흩어져 있다. 정수리와 목이 겨울깃보다 더 진하다. 성조 겨울깃과 비슷하지만 앞목은 엷은 회갈색을 띤다.

겨울깃 2월 12일 제주도

겨울깃 2월 3일 전남 흑산도

겨울깃 2월 12일 제주도

겨울깃 2월 3일 전남 흑산도

겨울깃 2월 12일 제주도

장소	날짜
특이사항	

002 큰회색머리아비 *Gavia arctica*
Arctic Diver

L72~78cm

겨울깃 5월 7일 전남 칠발도

11초~3하

서식 유라시아대륙의 북부, 알래스카 서북부에서 번식하고, 겨울에는 남쪽으로 이동한다. 지리적으로 2아종으로 나눈다. 국내는 드문 겨울철새로 주로 연안 해안에 찾아들며 드물게 강 하류에서도 볼 수 있다.

행동 1마리 또는 작은 무리를 이룬다. 먹이는 잠수하며 물고기를 잡는다.

특징 부리가 곧고 뾰족하다. 회색머리아비와 혼동되기 쉽지만 옆구리 뒤로 흰색부분이 몸윗쪽으로 폭넓게 확장되어 있다.

번식깃 멱과 앞목은 녹색 광택이 있는 검은색이며, 멱과 옆목의 검은색과 흰색의 세로줄무늬는 회색머리아비보다 두껍다.

겨울깃 회색머리아비와 거의 동일한 형태이지만 멱에 검은색의 가는 가로줄무늬가 없다.

1회 겨울깃 성조와 달리 어깨와 날개덮깃에 흰색 반점이 없다. 몸윗면의 깃가장자리가 연한 색을 띤다.

닮은종 회색머리아비 부리가 큰회색머리아비에 비해 짧고 더 가늘지만 야외에서 구별하기 힘들다. 옆구리 뒤쪽에 흰색 반점이 없다. 겨울깃은 멱에 가는 검은색의 가로줄무늬가 있지만, 어린새는 연하거나 없는 경우도 있다.

아비과

겨울깃 2월 18일 제주도

여름깃 3월 5일 강원도 속초

겨울깃 2월 18일 전남 홍도

겨울깃 2월 18일 전남 홍도

겨울깃 12월 21일 강원도 고성

겨울깃 2월 18일 전남 홍도

장소	날짜
특이사항	

003 회색머리아비 *Gavia pacifica* Pacific Diver

아비과
L62~70cm

겨울깃 3월 1일 강원도 강릉 ⓒ최순규

11초~3하

서식 북아메리카 북부와 시베리아 동북부에서 번식하고, 북아메리카, 알류샨열도, 쿠릴열도 등지에서 겨울을 난다. 국내는 드문 겨울철새이다. 다른 아비보다 육지와 가까운 연안 바다에서 생활하는 경향이 있다.

행동 다른 아비류와 같다.

겨울깃 1월 30일 전남 흑산도

특징 암수 같은 색이다. 큰회색머리아비보다 작다. 곧은 부리는 큰회색머리아비에 비해 짧고 더 가늘지만 야외에서 구별하기 힘들다. 옆구리 뒤에 흰색 반점이 없다. 흰색부분이 가슴옆과 같은 높이이다.

번식깃 앞목은 자주색 광택이 있는 검은색이며 밝은 색의 머리와 뒷목은 검은색의 얼굴 색과 대조를 이룬다.

겨울깃 멱에 가는 검은색의 가로줄무늬가 있지만, 어린새는 연하거나 없는 경우도 있다.

1회 겨울깃 성조와 달리 어깨와 날개덮깃에 흰색 반점이 없다. 멱에 검은색의 가로줄무늬가 가늘어 야외에서 확인하기 어려운 경우가 많다.

004 흰부리아비

Gavia adamsii
White-billed Diver

아비과

L83cm

겨울깃 제주도 1월 28일 ⓒ강창완

11초~3하

서식 극지방에 인접한 유라시아대륙과 북아메리카 북부에서 번식하고, 겨울에는 남쪽으로 이동한다. 국내는 매우 드문 겨울철새이다.

행동 먼바다에서 생활한다.

특징 아비류 중 가장 크다. 일반적으로 앞머리가 혹처럼 돌출되어 있다. 황백색의 부리는 두껍고 아랫부리가 위쪽으로 굽었다.

겨울깃 제주도 1월 28일 ⓒ강창완

겨울깃 눈 주위가 흰색이다. 주로 귀깃에 검은 반점이 있다. 정수리와 뒷목은 갈색으로 옆목의 흰색과 경계가 명확하지 않다.

번식깃 머리와 뒷목이 녹색 광택이 있는 검은색이다. 멱과 옆목에 흰색과 검은색의 세로줄무늬가 있다.

어린새 정수리가 겨울깃보다 더 연한 색이다. 어깨와 등의 깃끝이 연한 흰색.

닮은종 큰회색머리아비 · 회색머리아비 몸이 더 작고 머리가 더 작다. 부리가 검은색으로 보이며, 뚜렷하게 작은 크기이다.

005 논병아리

Podiceps ruficollis
Little Grebe

L25~27cm

여름깃 5월 30일 하남시 미사리

1초~12하

서식 유럽과 아시아의 온대지역, 동남아시아, 인도, 아프리카에 분포한다. 지리적으로 8 또는 9아종으로 나눈다. 국내는 흔한 겨울철새이며 전국의 습지, 저수지에서 번식하는 텃새이기도 하다.

행동 놀라면 잠수하거나 수면 위를 스치듯 달려서 달아난다. 둥지는 갈대, 부들 같은 풀줄기 사이에 위치하며 풀줄기 및 뿌리를 이용하여 수면 위에 뜨게 만드는 특이한 구조이다. 포란 중에도 둥지재료를 보충하여 알이 물에 잠기지 않도록 한다. 알은 흰색이지만 시간이 지남에 따라 때가 묻어 초콜릿색을 띤다. 포란기간은 약 20~25일이며 새끼는 부화 후 곧바로 둥지를 떠나 어미로부터 먹이를 받아먹으며 자란다. 번식은 4~9월까지 한다.

특징 한국을 찾는 논병아리류 중 가장 작다. 둥그스름한 체형이다. 부리는 검은색이며 기부와 부리끝이 황백색이다. 홍채는 황백색이다.

번식깃 뺨과 앞목은 적갈색으로 머리의 흑갈색과 비교된다.

논병아리과

겨울깃 뺨에서 앞목까지 황갈색으로 변하며 몸아랫면도 황갈색이 나타난다.

어린새 성조에 비하여 전체적으로 엷은 색이다. 부리는 엷은 황색을 띤다.

실태 과거 겨울철새로 기록되어 있으나 언제부터인지 전국의 습지, 저수지에서 번식하고 있다. 또한 겨울철에는 북쪽의 번식집단이 가담하여 더 많은 수를 볼 수 있다.

1회 겨울깃 1월 24일 충남 천수만

성조 여름깃 6월 13일 충남 천수만

1월 24일 충남 천수만

1회 겨울깃 1월 충남 천수만

새끼 6월 경기도 양수리

장소	날짜
특이사항	

006 큰논병아리

Podiceps grisegena
Red-necked Grebe

논병아리과
L45~50cm

성조 겨울깃 2월 9일 강원도 속초 ⓒ유대호

11초~3하

서식 유럽, 서시베리아, 시베리아 동부, 북아메리카 북부에서 번식하고, 유럽, 동아시아, 북아메리카의 연안에서 월동한다. 지리적으로 2아종으로 나눈다. 국내는 강 하류, 해안에서 적은 수가 월동한다.

행동 1~2마리가 물위에 떠서 행동하는 경우가 많고 잠수하여 물고기를 잡는다.

성조 여름깃 7월 캄차카

특징 부리기부는 황색이다. 비상시 앞날개와 둘째날개깃이 흰색이다.

번식깃 머리는 검은색이며 뺨, 귀깃, 멱부분에 회백색을 띤다. 적갈색의 긴 목이 특징이다.

겨울깃 전체적으로 회흑색을 띤다. 부리기부는 연한 노란색을 띠며 나머지는 검은색을 띤다. 뺨과 멱은 때문은 흰색이다. 멱 아랫부분은 회흑색이며 가슴은 때문은 흰색이다. 가슴옆과 옆구리는 회흑색을 띤다.

어린새 겨울깃과 비슷하지만 눈밑으로 검은색 줄무늬가 있다. 부리는 연한 황색이며 검은색이 섞여 있다. 홍채는 노란색이다.

007 귀뿔논병아리

Podiceps auritus
Horned Grebe

논병아리과

L33cm

성조 겨울깃 1월 21일 경북 울진 ⓒ서한수

11초~3하

서식 유럽에서 캄차카까지 유라시아대륙의 아한대지대, 북아메리카 북부에서 번식하고, 유라시아와 북아메리카의 온대지역에서 월동한다. 지리적으로 2아종으로 나눈다. 국내는 적은 수가 연안 앞바다에서 월동하는 겨울철새이다.

성조 겨울깃 1월 24일 경북 울진 ⓒ서한수

행동 단독 또는 거리를 두고 몇 마리가 수면에 떠서 먹이를 찾는 경우가 많다. 대부분 바닷가에서 관찰된다.
특징 부리는 직선이며 부리끝이 연한색이다. 홍채는 붉은색이다.
겨울깃 검은색 머리와 흰색 뺨의 경계가 명확하다. 연령에 관계없이 부리기부에 붉은색 나출부가 있다. 정수리가 약간 평평한 형태이다.
여름깃 눈뒤에서 뒷머리까지 노란색의 긴 깃이 있다. 멱과 가슴은 적갈색이다.

장소		날짜	
특이사항			

008 검은목논병아리 *Podiceps nigricollis* Black-necked Grebe   L31~33cm

성조 겨울깃 1월 3일 충남 천수만

11초~3하

서식 유럽에서 카자흐스탄, 중국 동북부에서 우수리, 북아메리카 중부, 아프리카 동부 등지에서 번식하고, 유럽, 중동, 동아시아, 중남미, 아프리카 남부에서 월동한다. 지리적으로 3아종으로 나뉜다. 국내는 강 하류, 해안, 호수에서 무리를 이루어 월동하는 비교적 흔한 겨울철새이다.

행동 무리를 이루어 행동한다. 한 마리가 잠수하면 뒤따르던 개체들이 차례로 잠수하여 물고기를 사냥한다.

특징 검은색 부리는 약간 위쪽으로 굽었다. 홍채는 붉은색이다.

겨울깃 머리와 몸윗면은 흑갈색이다. 귀깃은 갈색으로 머리의 검은색과 경계가 뚜렷하지 않다(귀뿔논병아리는 귀깃이 흰색으로 머리의 검은색과 명확히 구별된다). 정수리가 둥근 형태이다. 턱밑, 멱, 몸아랫면은 흰색이다. 옆목은 흑갈색이다.

번식깃 눈뒤로 삼각형 모양의 노란색의 긴 깃이 있다. 목은 검은색이다.

어린새 부리기부가 연한 노란색을 띠며 홍채는 색이 옅다.

닮은종 귀뿔논병아리 부리가 직선이며, 끝이 연한 색을 띤다. 흑갈색 머리와 흰색 뺨의 경계가 명확하다. 주로 해안에서 서식하며 큰 무리를 이루지 않는다.

논병아리과

겨울깃 1월 3일 충남 천수만

성조 여름깃 4월 1일 충남 천수만 ⓒ김신환

여름깃 4월 11일 충남 천수만

겨울깃 2월 강원도 청초호

겨울깃 2월 강원도 속초

장소	날짜
특이사항	

009 뿔논병아리

Podiceps cristatus
Great Crested Grebe

L56cm

성조 여름깃 5월 23일 경기도 양수리

1초~12하

서식 유라시아대륙 중부, 아프리카, 뉴질랜드에 분포하고, 겨울에는 남쪽으로 이동한다. 지리적으로 2아종으로 나눈다. 국내는 흔한 겨울철새로 전국 각지에 찾아온다. 1997년 이후 충남 대호방조제 주변에서 소수가 번식하는 것이 확인되었다. 그 후 경기도 양수리, 퇴촌, 강원도 영랑호 등 여러 곳에서 번식이 확인되고 있다.

행동 겨울철에 해안 앞바다와 내륙의 호수에서 여러 마리가 일정한 간격을 두고 잠수하여 물고기를 잡는다. 둥지는 갈대, 줄 등이 무성한 곳에 위치하며, 물에 뜨는 구조로 물풀의 줄기 사이에 만든다.

특징 국내를 찾는 논병아리류 중 가장 크다. 목이 길며 구부러짐이 약하며 직립형이다. 부리는 핑크색이며 눈앞은 검은색이다. 눈 주위로 폭넓은 흰색이다. 머리는 검은색이며 관우가 있다.

번식깃 뺨에 적갈색과 검은색의 깃이 돌출되어 있다.

겨울깃 머리의 검은깃은 번식깃보다 짧으며, 뺨에

논병아리과

돌출된 깃이 없어 전체가 흰색으로 변한다. 앞목과 옆목이 흰색이다. 뺨 아래로 검은깃이 약하게 남아 있다.

어린새 겨울깃과 비슷하지만 얼굴에 검은색 반점이 있으며 반점의 크기는 개체에 따라 차이가 있다.

겨울깃 10월 23일 강원도 경포호

성조 여름깃 7월 24일 충남 천수만

어린새 10월 23일 강원도 경포호

3월 5일 전남 홍도

여름깃으로 깃털갈이 중 3월 10일 강원도 속초

장소	날짜
특이사항	

010 슴새

Calonectris leucomelas
Streaked Shearwater

슴새과
L47~51cm

성조 6월 8일 전남 흑산 인근

2초~11초

서식 일본, 한국, 중국, 러시아 동남부의 무인도서에서 번식하고, 비번식기에는 동남아시아와 오스트레일리아 북부해안에서 월동한다. 국내는 독도, 사수도, 거문도의 백도, 칠발도, 피음도, 그리고 가거도에 딸린 국흘도에서 번식하는 드문 여름철새이다.

무리 9월 19일 전남 흑산 인근

행동 무리를 이루며 수면 위를 낮게 날며 먹이를 찾는다. 갈매기보다 더 빠르게 날면서 물고기를 잡아먹는 해양조류이다. 필리핀, 뉴기니, 보루네오 등지에서 월동하다가 2월경에 북상하여 무인도에 도착한다. 둥지는 밀사초가 무성한 곳에 약 1~2m 깊이의 땅굴을 파고 5월에 1개의 알을 낳는다. 포란기간은 50~54일이다. 번식력이 매우 약하다.

특징 갈매기와 비슷하다. 몸윗면은 전체적으로 흑갈색이며 머리는 흰색 바탕에 가는 검은 줄무늬가 흩어져 있다. 몸아랫면은 흰색이다. 아랫날개덮깃은 흰색을 띠며, 첫째날개덮깃과 날개깃 가장자리를 따라 폭넓은 검은색을 띤다. 엷은 핑크빛 부리는 길며 뾰족하고 끝은 아래로 굽은 갈고리모양이다.

011 붉은발슴새

Puffinus carneipes
Flesh-footed Shearwater

슴새과

L48cm

9월 22일 전남 흑산도 인근 ⓒ양현숙

5초~6하
9초~10하

서식 뉴질랜드 북부 도서, 오스트레일리아 서남부 연안에서 번식하고, 비번식기에는 북상하여 5~6월에 일본근해를 통과하여 알류샨열도, 캐나다 서남부에 이르며 인도양에서는 아라비아해까지 북상한다. 국내는 매우 적은 수가 동해안을 통과하는 것으로 알려져 있다.

행동 다른 슴새류의 무리에 섞이는 경우가 많으며 어류와 연체동물을 먹는다.

특징 전체적으로 암갈색을 띤다. 슴새와 거의 같은 크기이다. 부리는 핑크색이며 끝이 눈에 띄는 검은색이다. 다리는 핑크색이다. 쇠부리슴새와 비슷하지만 날개아랫면에 흰색이 거의 없으며 몸아랫면의 날개깃 기부가 약간 밝은 색으로 보일 뿐이다. 꼬리뒤로 발가락이 돌출되지 않는다. 몸윗면의 큰날개덮깃 가장자리는 약간 연한 색이다. 슴새에 비해 날개길이가 짧으며 폭이 넓다.

장소		날짜	
특이사항			

012 바다제비

Oceanodroma monorhis
Swinhoe's Storm Petrel

바다제비과
L19cm

성조 7월 독도 ⓒ김수만

5초~10중

서식 대만, 일본, 한국의 국흘도, 칠발도, 독도, 난도에서 집단번식한다. 비번식기에는 중국 남부, 인도양에서 서식한다.

행동 먼바다에서 활동하는 대표적인 해양조류이다. 이름과는 달리 제비와는 근연관계가 먼 종이다. 지그재그로 비행하며 먹이인 플랑크톤을 찾지만 다른 바다제비보다 직선으로 비행한다. 알은 1개 낳으며 포란기간은 41일이다. 암수 교대로 품는다.

특징 암수 같은 색이다. 전체적으로 흑갈색이다. 첫째날개깃 기부의 우축이 흰색이지만 야외에서 확인하기 어렵다. 비상시 큰날개덮깃과 가운데날개덮깃이 날개깃보다 밝은 색을 띠어 엷은 회백색으로 보인다. 몸아랫면은 균일한 어두운 색이다. 꼬리중앙부가 약간 오목하게 들어간 형태이다.

013 갈색얼가니새

Sula leucogaster
Brown Booby

얼가니과
L64~74cm

미성숙 개체 4월 18일 마라도 ⓒ강창완

4,6,10월

서식 태평양, 인도양, 대서양의 열대, 아열대 해역에 폭넓게 분포한다. 지리적으로 4 아종으로 나눈다. 국내는 1986년 6월 1일 경남 홍도에서 1개체, 2001년 10월 20일 신안군 가거도에서 1개체, 2006년 4월 18일 제주도 마라도에서 1개체의 관찰기록이 있는 미조이다.

4월 18일 마라도 ⓒ강창완

행동 먼바다에서 물고기와 오징어 등을 잡아먹으며 간혹 암벽 위에 앉아 쉰다. 비교적 높은 곳에서 날개를 접고 물 속으로 다이빙하여 먹이를 잡는다.
특징 머리에서 가슴, 몸윗면은 흑갈색이며 배는 흰색이다. 비상시 날개아랫면의 중앙은 흰색이다. 부리기부의 나출부 색은 번식지에 따라 차이가 있다(수컷 청색, 암컷 황색).
어린새 성조와 비슷하지만 배에 지저분한 흑갈색 줄무늬가 있다.

장소	날짜
특이사항	

014 민물가마우지

Phalacrocorax carbo
Great Cormorant
L80~100cm

성조 여름깃 2월 한강

1초~12하

서식 유라시아, 아프리카, 오스트레일리아, 북아메리카 동안 등 넓은 지역에 분포한다. 지리적으로 6아종으로 나눈다. 국내는 낙동강 하구, 한강 하류, 서산 간월호 등지에서 집단으로 월동하는 겨울철새이다. 2003년 6월 한강 하구의 유도에서 100여 쌍이 집단번식하고 있음이 처음으로 확인되었다.

행동 무리를 이루어 채식지와 휴식지를 이동한다. 주로 호수, 강 하류에서 잠수하여 먹이를 찾는다. 한배 산란수는 3~4개이며, 포란기간은 25~28일이다. 부화한 새끼는 약 50일간 둥지에 머문다.

특징 전체가 광택이 있는 검은색이다. 등과 날개윗면은 어두운 갈색으로 녹색의 가마우지와 구별된다. 부리는 가늘고 길며 윗부리 끝이 아래로 굽어 있다. 부리기부에서 눈아래까지 노란색 피부가 노출되어 있다. 나출부는 둥그스름한 모양이다.

번식깃 머리에 가느다란 흰색의 깃이 있으며 옆구리에 흰색 깃털이 있다.

닮은종 가마우지 몸 전체가 녹색 광택이 있는 검은색으로 보인다. 부리기부에서 눈아래까지 노란색 피부가 노출되어 있다. 나출부는 삼각형모양을 하며 민물가마우지의 둥그스름한 모양과 구별된다.

가마우지과

성조 여름깃 3월 10일 강원도 속초

성조 겨울깃 2월 일본 우에노 공원

어린새 8월 하남시 미사리

1월 22일 강원도 청초호

민물가마우지   가마우지

1월 낙동강 하구

장소	날짜
특이사항	

015 가마우지

Phalacrocorax capillatus
Temminck's Cormorant
L80~92cm

성조 겨울깃 6월 16일 강화도 석도

1초~12하

서식 연해주, 사할린에서 일본의 규슈 북부까지 국지적으로 번식한다. 국내는 거제도에 딸린 작은 무인도, 거문도, 상태도, 백령도 등 서·남해안의 작은 무인도 바위절벽에서 번식하는 텃새이다. 북한의 함경북도 웅기 앞바다의 알섬, 평안북도 선천 앞바다의 납도 둥지에서 번식한다.

행동 채식지와 휴식지 간의 이동에 있어 기러기처럼 일정한 대형으로 무리지어 난다. 민물가마우지와 달리 내륙 호수 또는 강에서 생활하지 않고 바닷가 암벽에서 생활한다. 무인도의 바위절벽에서 무리를 이루어 번식한다. 둥지는 천적의 접근이 불가능한 암벽 위에 죽은 나뭇가지를 이용하여 만들고 4~5개의 알을 낳는다. 포란기간은 약 34일이다. 부화한 새끼는 약 40일간 둥지에 머문다.

특징 몸 전체가 녹색의 광택이 있는 검은색이다. 회갈색의 부리는 가늘고 길며 윗부리 끝이 아래로 굽어 있다. 부리기부에서 눈아래까지 노란색 피부가 노출되어 있다. 나출부는 삼각형모양을 하며 민물가마우지의 둥그스름한 모양과 구

가마우지과

별된다.

번식깃 머리에 가느다란 흰색의 깃이 나오며 옆구리에 흰색의 깃털이 있다. 뺨의 흰색깃에는 흑갈색의 작은 반점들이 흩어져 있어 지저분해 보인다.

어린새 몸윗면은 흑갈색이며, 가슴과 배에는 흰색이 있다.

닮은종 민물가마우지 얼굴의 노란색 나출부가 약간 크며 구각부분은 둥그스름한 모양을 한다. 등과 날개윗면은 가마우지와 달리 흑갈색을 띤다.

성조 여름깃 5월 9일 강화도 석도

어린새 2월 강원도 속초

6월 16일 강화도 석도

6월 16일 강화도 석도

장소	날짜
특이사항	

016 쇠가마우지

Phalacrocorax pelagicus
Pelagic Cormorant
L72~80cm

성조 1월 21일 강원도 간성

1초~12하

서식 일본, 쿠릴열도, 캄차카, 사할린, 북아메리카의 태평양 연안까지 넓게 분포한다. 지리적으로 2아종으로 나눈다. 국내는 서해의 백령도를 비롯하여 북한의 무인도서에서 적은 수가 번식하는 여름철새이며 겨울철에는 동해와 서·남해의 해안가 암벽에서 드물게 볼 수 있다.

행동 바닷가 암벽에서 큰 무리를 형성하여 둥지를 튼다. 겨울에 가마우지 무리에 섞여 있는 경우가 있다. 한배 산란수는 3~4개이며, 포란기간은 약 31일이다.

특징 몸 전체가 녹색의 광택이 있는 검은색으로 보인다. 부리는 매우 가늘다. 번식기에는 얼굴에 적색의 나출부가 있으며 정수리와 뒷머리에 돌출된 깃털이 있다. 겨울에는 얼굴의 적색 나출부가 매우 작아 얼굴 전체가 검게 보이며 머리의 돌출된 깃도 매우 작아진다.

어린새 전체가 갈색을 띤다. 특히 머리와 목부분이 성조보다 엷은 색이다.

닮은종 붉은뺨가마우지 몸이 쇠가마우지보다 더 크다. 부리가 약간 두껍고 회백색으로 보인다. 얼굴의 적색 나출부가 더 크며, 이마와 눈뒤까지 이어진다.

가마우지과

성조와 어린새 1월 21일 강원도 간성

성조 여름깃 5월 경기도 백령도 ⓒ이종렬

어린새 12월 13일 전남 홍도

어린새 2월 강원도 속초

1월 21일 강원도 간성

1월 강원도 간성

장소	날짜
특이사항	

017 군함조

Fregata ariel
Lesser Frigatebird

군함조과
L71~81cm

어린새 9월 23일 전북 어청도 ⓒToshikauzu ONISHI

8, 9월

서식 태평양, 인도양, 대서양의 열대·아열대해역에서 번식한다. 국내는 낙동강 하구, 한강 하구, 어청도 등지에서 관찰 기록이 있는 미조이다.

행동 먹이는 직접 수면에서 잡기도 하지만 종종 갈매기 등 다른 해조류가 잡은 먹이를 쫓아가 빼앗아 먹는 습성이 있다. 또한 밤에 수면 위로 떠오른 오징어를 잡는다. 깃털은 방수성이 없으며 다리는 매우 짧고 발가락에는 물갈퀴가 약간 달려 있을 뿐 헤엄칠 수 없으며 물에서 날아오를 수 없다.

특징 폭이 좁고, 긴 날개. 전체적으로 검은색. 꼬리는 긴 제비꼬리 형태이다.
수컷 멱에 붉은색 피부가 노출되며, 옆구리에서 기부까지 흰색 반점이 있다.
암컷 큰군함조와 달리 멱은 검은색을 띤다. 가슴에서 배까지 폭넓은 흰색을 띤다. 날개아랫면 기부가 흰색을 띤다.

미성숙 개체 어린새와 비슷하지만 가슴의 검은 띠가 점차 없어지며, 배는 성조와 같이 점차 검은색이 많아진다.

어린새 큰군함조와 매우 비슷하지만 보다 작다. 몸윗면은 어두운 흑갈색이며, 머리는 엷은 적갈색 또는 흰색을 띠는 갈색이다. 배는 흰색이며, 가슴에 검은색 띠가 있다. 날개아랫면의 기부는 흰색이다.

018 큰군함조

Fregata minor
Great Frigatebird

군함조과
L80~100cm

♀ 미성숙 개체 8월 19일 제주도 ⓒ김은미

8월

서식 태평양, 인도양, 대서양의 열대·아열대해역에서 번식한다. 국내는 2004년 8월 19일 제주도에서 1개체, 2007년 8월 22일 제주도에서 1개체가 확인된 미조이다.

행동 군함조와 같다.

특징 군함조보다 크지만 구별이 어렵다.

8월 19일 제주도 ⓒ김은미

수컷 군함조와 같이 멱에 붉은색 피부가 노출되어 있지만 옆구리부분에 흰색 반점이 없다. 멱을 제외하고 몸아랫면은 균일한 검은색이다.

암컷 턱밑과 멱이 회백색이다. 날개아랫면 기부는 흰색이 없거나 매우 약하게 있을 뿐이다.

어린새 군함조와 매우 비슷하지만, 날개아랫면 기부에 흰색 반점이 없다. 가슴에 검은색 띠가 있다.

장소		날짜	
특이사항			

019 왜가리

Ardea cinerea
Grey Heron

L94~97cm

성조 여름깃 4월 충남 감성리

1초~12하

서식 유라시아대륙 중부 이남, 인도, 아프리카, 마다가스카르에 분포한다. 지리적으로 4아종으로 나눈다. 국내는 전국의 습지에서 흔히 볼 수 있는 여름철새이다.

행동 번식철에 백로류 무리 중 가장 빨리 번식지에 모여든다. 최근 상당수의 개체가 번식 후 이동하지 않고 머무는 텃새로 정착하는 듯하다. 쇠백로, 중대백로 등 다른 백로류와 혼성하여 매년 동일한 장소에서 집단번식한다. 둥지는 소나무, 참나무류의 가지에 죽은 나뭇가지를 이용하여 매우 크게 짓는다. 천적이 번식지 내로 출입하면 일제히 날아올라 주변을 맴돌며, 가까이 접근하면 반쯤 소화된 먹이를 목구멍에서 토해내 악취를 풍기는 퇴치법을 이용한다. 3~4개의 알을 낳고, 25~28일간 포란한다.

특징 전체적으로 회색을 띤다. 뒷머리에 긴 검은 댕기가 있다. 앞목에 검은색의 세로줄무늬가 있다. 다리와 목이 길다. 중대백로보다 약간 크고 대백로보다 작은 크기이다.

겨울깃 외형상 여름깃과 거의 같지만 부리가 약간 회흑색을 띤다.

어린새 어깨의 검은 무늬가 작거나 불완전하게 보인다.

백로과

성조와 새끼 5월 충북 진천

성조 여름깃 6월 3일 경기도 여주

성조 여름깃 4월 충남 감성리

어린새 8월 17일 경기도 퇴촌

성조 3월 7일 강원도 속초

성조 12월 28일 충남 천수만

장소	날짜
특이사항	

020 붉은왜가리 *Ardea purpurea*
Purple Heron L78~92cm

성조 10월 28일 제주도 ⓒ강창완

10초~4중

서식 인도, 인도차이나반도, 동남아시아에서 동북아시아, 유럽, 중동, 아프리카에 분포한다. 지리적으로 3아종으로 나눈다. 국내는 매우 드물게 봄·가을에 찾아오는 나그네새이다.

행동 습지와 농경지 주변에서 홀로 먹이를 찾으며, 경계심이 강하여 가까이 접근하기 힘들다. 물이 많지 않은 얕은 습지에서 천천히 거닐며 물고기, 뱀, 개구리, 곤충 등을 잡아먹는다.

특징 전체적으로 청색 기운이 있는 회흑색이다. 부리와 목이 상대적으로 길고 다리는 짧다. 목부분에 갈색깃이 섞여 있다. 머리, 뒷목, 옆목에 검은색 줄무늬가 뚜렷하다. 뒷머리에 검은색의 긴 댕기가 있으며 앞가슴과 등에 실같이 갈라지는 깃이 있다.

어린새 전체적으로 황갈색 기운이 있다. 턱밑과 멱은 흰색이며, 옆목에 검은색의 가는 세로줄무늬가 있다.

닮은종 왜가리 전체적으로 붉은왜가리보다 옅은 회색을 띤다. 목에 갈색이 없으며 앞목에 검은색의 세로줄무늬가 있다. 붉은왜가리보다 약간 크다. 비상시 날개의 익각부분이 갈색을 띠며 날개덮깃에 엷은 적갈색이 스며 있는 형태이다.

백로과

성조 10월 28일 제주도 ⓒ강창완

어린새 10월 제주도 ⓒ강창완

어린새 10월 10일 전남 홍도

어린새 10월 29일 전남 흑산도

왜가리 2월 20일 충남 천수만

장소	날짜
특이사항	

021 중대백로

Ardea alba
Great Egret

L87~104cm

중대백로 여름깃 *A. a. modesta* 4월 5일 경기도 여주

1초~12하

서식 유라시아 남부, 아프리카, 오스트레일리아, 뉴질랜드, 북아메리카 남부, 남아메리카에 분포한다. 지리적으로 4아종으로 나눈다. 국내는 매우 흔한 여름철새이며 일부가 월동한다.

행동 둥지는 소나무, 참나무류의 가지에 죽은 나뭇가지를 이용하여 만든다. 하천, 호수, 논에서 천천히 거닐며 개구리, 물고기, 미꾸라지 등을 잡아먹는다. 3~4개의 알을 낳고 25~28일간 포란한다.

특징 부리와 다리가 길다. 중백로와 달리 구각이 눈뒤까지 확장된다. 부리는 검은색이지만 6월말이 되면 노란색으로 바뀌게 되고, 등의 치렛깃도 거의 빠지게 된다.

번식깃 눈앞의 나출부는 청록색이다. 등에 긴 치렛깃이 있어 과시하거나 위협할 때 부챗살처럼 펼쳐 보인다. 다리 윗부분은 엷은 핑크색 또는 핑크색을 띤다.

겨울깃 부리가 등황색이다. 눈앞의 나출부는 황색에 청색 기운이 있다. 다리는 대부분 검은색을 띤다.

아종 대백로 *A. a. alba* 유럽에서 중국 동북부 지역의 유라시아대륙에서 번식

백로과

한다. 적지 않은 수가 천수만 간월호, 해남 영암호 등 드넓은 간척지, 하천 등지에서 월동한다. 중대백로보다 상당히 크고 왜가리보다 크게 보인다. 번식깃은 눈앞이 녹황색을 띠며, 부리기부가 폭좁은 노란색이다. 다리 윗부분은 겨울깃과 같은 연한 노란색 또는 핑크색을 띤다. 겨울깃은 중대백로와 거의 같지만 다리 윗부분의 대부분이 연한 노란빛 또는 연한 오렌지색을 띤다.

중대백로 겨울깃 10월 4일 하남시 미사리

대백로 겨울깃 A. a. alba 2월 20일 충남 천수만

중대백로 여름깃 4월 전남 무안

대백로 겨울깃 A. a. alba 12월 충남 천수만

여름깃(좌)과 겨울깃 4월 16일 전남 목포

장소	날짜
특이사항	

022 중백로

Egretta intermedia
Intermediate Egret

L65.5cm

성조 여름깃 6월 충남 감성리 ⓒ김수만

4초~9하

서식 한국, 중국 중남부, 일본, 동남아시아, 인도, 오스트레일리아, 아프리카에 분포한다. 지리적으로 3아종으로 나눈다. 국내는 비교적 드문 여름철새이다.

행동 초지 또는 얕은 물에서 천천히 거닐며 물고기, 개구리, 미꾸라지 등을 잡아먹는다. 다른 백로류와 함께 무리지어 집단번식하지만 개체수가 적다. 둥지는 쇠백로보다 약간 크게 만들며 3~4개의 알을 낳고 약 23일간 포란한다.

특징 중대백로와 쇠백로의 중간 크기이다. 중대백로와 달리 구각이 눈아래에서 끝난다. 부리는 쇠백로보다 짧게 보인다. 등과 가슴에 실 같은 깃이 있다. 부리앞의 나출부가 노란색으로 중대백로의 청록색과 구별된다.

겨울깃 가슴과 등의 실 같은 깃이 없어지며 다리가 완전히 검은색이다. 부리가 탁한 노란색을 띠며 부리끝이 검은색이다.

닮은종 중대백로 여름깃은 눈앞이 청록색이지만 겨울깃은 눈앞의 색으로 구별이 어렵다. 몸이 크고

백로과

부리와 다리가 길다. 윗부리와 아랫부리가 만나는 구각이 눈뒤까지 확장된다.

여름깃 6월 강화도 전등사

여름깃 6월 충북 진천

겨울깃 8월 17일 경기도 퇴촌

겨울깃 8월 경기도 광릉

중백로

대백로

장소	날짜
특이사항	

023 쇠백로

Egretta garzetta
Little Egret

L58~61cm

성조 여름깃 4월 경기도 양수리

1초~12하

서식 중국, 동남아시아, 인도, 유럽, 아프리카, 뉴기니, 오스트레일리아에 분포한다. 지리적으로 2 또는 6아종으로 나눈다. 한국은 1960년대까지 매우 드물었으나 현재는 중대백로만큼이나 흔히 볼 수 있는 여름철새이며 일부가 월동한다.

행동 얕은 호수, 논, 개울 등지에서 먹이를 찾으며 먹이 잡는 방법이 다양하다. 얕은 물에서 물고기를 쫓아 빠르게 달리기도 하며, 발로 수면 바닥을 구르며 여기저기 거닐다 놀라 튀어나오는 먹이를 재빠르게 잡아먹는다. 또한 하천의 자갈밭, 수중보 등지에서 가만히 서 있다 오르내리는 물고기를 잡기도 한다. 둥지는 보통 소나무가지에 만들며, 크기는 왜가리 둥지의 1/5 정도로 작다. 산란수는 보통 5~6개이며 22~24일간 포란한다.

특징 크기는 중대백로의 절반 정도이며, 번식깃은 머리에 두 가닥의 긴 장식깃을 가진다. 눈 앞의 나출부는 노란색이다.

겨울깃 뒷머리의 댕기가 짧다. 가슴과 등의 실 같은

백로과

깃이 매우 짧다. 아랫부리가 엷은 색이다.
어린새 윗부리는 검은색이며 아랫부리는 엷은 색을 띤다. 성조와 달리 가슴과 등에 실 같은 깃이 없다. 다리가 엷은 색을 띠는 경우가 많다.

닮은종 노랑부리백로 주로 바닷가에서 생활한다. 노란색 부리는 두껍고 부리기부에서 끝으로 갈수록 완만하게 가늘어진다. 겨울깃의 경우 다리는 녹황색을 띤다.

8월 17일 경기도 퇴촌

여름깃 6월 3일 경기도 여주

여름깃 11월 충남 천수만

성조 겨울깃 10월 5일 전남 흑산도

어린새 11월 충남 천수만

장소	날짜
특이사항	

024 노랑부리백로

Egretta eulophotes
Chinese Egret

L65cm

성조 여름깃 5월 강화도 여차리

4초~10초

천연기념물
361호

서식 한국, 중국 중남부의 섬에서 번식하고, 동남아시아, 필리핀, 보르네오, 셀레베스에서 월동한다. 생존 개체수의 대부분이 한반도 서해안의 경기도 옹진군 신도, 전북 칠산도, 평안북도 정주군 대감도, 소감도, 선천군 납도, 묵이도 등지에서 번식한다.

행동 서해안의 넓게 드러나는 갯벌에서 먹이를 찾으며 번식지 내에서는 괭이갈매기와 공생한다. 산란기는 6월 하순이다. 접시형의 둥지는 마른 나뭇가지로 만들고, 청록색의 알을 4~5개 정도 낳는다.

특징 목과 다리가 쇠백로보다 짧다. 부리기부에서 끝으로 갈수록 완만하게 가늘어진다.

번식깃 부리는 오렌지빛 노란색이며 눈앞 나출부는 푸른색이다. 뒷머리에 댕기가 있다. 다리는 검은색이며 발가락은 밝은 노란색으로 쇠백로처럼 발목위까지 확장되지 않는다.

겨울깃 뒷머리의 댕기가 없다. 눈앞의 나출부는 녹회색이다. 윗부리는 검은색이며, 아랫부리는 부리

백로과

기부에서 2/3지점까지 흐린 노란색이며 부리끝은 검은색을 띤다. 다리는 노란색을 띠는 갈색 또는 녹황색이다.

실태 국제자연보전연맹의 적색자료목록에 취약종(VU)으로 분류되어 있는 국제보호조이다. 지구상에 약 1,000~3,500여 마리밖에 남아 있지 않다. 천연기념물 361호.

닮은종 흑로 백색형과 매우 비슷하지만 분포상 국내에서는 흑로 백색형이 서식하지 않는다. 부리가 더 두껍고 끝이 뭉툭하다. 비행시 발가락이 꼬리뒤로 약간 돌출된다.

성조 여름깃 6월 전남 칠산도 ⓒ김수만

겨울깃 8월 12일 강화도 ⓒ박건석

성조 여름깃 5월 강화도 여차리

장소	날짜
특이사항	

025 흑로

Egretta sacra
Pacific Reef Egret / Pacific Reef Heron L62.5cm

성조 2월 제주도

1초~12하

서식 동아시아, 동남아시아, 오스트레일리아, 미크로네시아, 일본, 한국에 서식한다. 지리적으로 2아종으로 나눈다. 섬이나 해안의 갯벌, 바위 주변에 드물게 서식하는 텃새이다.

행동 한두 마리가 거리를 두고 생활한다. 주로 물고기, 게, 새우 등을 잡아먹는다. 둥지는 바위절벽의 감추어진 곳에 만든다. 제주도, 남해안 주변 섬 해안의 절벽에서 여러 쌍이 모여 번식을 한다. 알을 2~4개 정도 낳는다.

특징 전체적으로 회청색을 가지는 검은색이다. 앞목과 뒷머리에 짧은 댕기가 있다. 뒷머리의 댕기는 수컷이 더 크다. 부리기부에서 끝으로 갈수록 서서히 가늘어진다. 다리와 발가락은 연녹색이다. 비상시 다른 백로류와 달리 꼬리뒤로 다리가 적게 돌출된다. 부리와 다리는 연한 황색, 연한 올리브색, 황갈색, 살색 등 개체에 따라 변이가 심하다. 백색형과 흑색형이 있다.

1회 겨울깃 성조와 비슷하지만 부분적으로 흑갈색이 섞여 있다.

백로과

흑색형 남위 46.5°~북위 41° 온대지방에 서식하며 주로 검은 암석지대에서 서식한다.
백색형 남위 34°~북위 30° 열대, 아열대지방의 산호초 해안에서 서식한다. 두 형태의 분포지역의 차이는 채식효율과 밀접한 관계가 있다고 한다. 위도상으로 볼 때 국내에는 백색형이 서식하지 않는다.

성조 2월 제주도

성조 8월 8일 제주도

성조 2월 제주도

1회 겨울깃 12월 23일 전남 홍도

성조 8월 8일 제주도

장소	날짜
특이사항	

026 황로

Bubulcus ibis
Cattle Egret

L50~55cm

여름깃 6월 충남 감성리

4중~9하

서식 아프리카, 아시아의 온대와 열대, 북아메리카 중부에서 남아메리카, 오스트레일리아, 뉴질랜드에 분포한다. 지리적으로 2 또는 3아종으로 나눈다. 국내는 1960년대 들어 전남 해남군 방죽리에서 처음 번식한 드문 종이었으나 현재는 전국적으로 흔히 번식한다. 다른 종보다 약간 늦게 찾아오는 여름철새이다.

행동 물가, 논, 초지를 배회하며 물고기, 수서곤충, 개구리 등을 먹는다. 집단으로 번식한다. 둥지는 쇠백로와 중대백로 무리 사이에 만들며, 보통 4개의 원형에 가까운 알을 낳는다. 번식이 끝나고 이동시기에는 초지에서 곤충을 잡아먹는다.

특징 부리는 황색이며 짧다. 머리에서 뒷목, 앞가슴에 등황색 깃이 돌출되어 있어 다른 종과 쉽게 구별된다. 등에 등황색의 치렛깃이 있다.

겨울깃 번식기가 끝나는 8월말부터 특유의 적황색 깃털이 흰색으로 변하기 때문에 야외 식별은 중백로와 혼동된다. 일부 개체는 머리에 황색의 깃이 약간 남아 있다.

백로과

여름깃 6월 충남 감성리

겨울깃 5월 23일 전남 홍도

겨울깃 8월 26일 하남시 미사리

여름깃 6월 충남 감성리

8월 23일 충남 서산

어린새 8월 24일 하남시 미사리

장소	날짜
특이사항	

027 흰날개해오라기 *Ardeola bacchus*
Chinese Pond Heron

L45~55cm

성조 여름깃 4월 30일 전남 홍도

4중~10하

서식 중국에서 베트남, 미얀마 동남부에서 번식하고, 대만, 말레이반도, 보르네오에서 월동한다. 1985년에 처음으로 확인된 이후 최근 개체수가 증가하고 있다. 최근에 적은 수가 여름철에 경기도 김포, 철원 일대에서 번식하며 적은 수가 남부지역에서 월동한다.

행동 백로류 번식지에서 집단번식한다. 둥지는 마른 나뭇가지와 풀줄기를 이용하여 접시모양으로 만든다. 연한 녹청색의 알을 4개 정도 낳는다. 습지, 하천에서 서식하며 어류, 곤충류를 먹는다.

특징 다른 종과 혼동이 없다. 부리는 황색이며 끝부분은 검은색이다. 다리는 황록색이다. 비상시 몸색과 날개색의 차이가 명확하게 보인다.

번식깃 머리에서 뒷목까지 적갈색이며 뒷목에 적갈색의 댕기가 있다. 등은 청회색이다. 날개와 배, 멱은 흰색이며 가슴은 적갈색이다.

겨울깃 머리, 목, 가슴은 엷은 담황색 바탕에 흑갈색 줄무늬가 흩어져 있다. 몸윗면은 엷은 갈색이며 어깨에 흰색의 줄무늬가 흩어져 있다. 날개깃은 흰색이며 비상시 첫째날개깃 끝부분에 흐린 흑갈색을 띤다.

백로과

겨울깃에서 여름깃으로 깃털갈이 중 5월 14일 흑산도

여름깃 5월 1일 전남 흑산도

성조 여름깃 4월 30일 전남 홍도

겨울깃 12월 경남 주남저수지 ⓒ최종수

겨울깃 9월 19일 전남 흑산도

장소	날짜
특이사항	

028 검은댕기해오라기 *Butorides striatus* Striated Heron
L46~51cm

성조 여름깃 5월 경기도 퇴촌

4하~9하

서식 아프리카, 아시아의 온대·열대지역, 북아메리카 남부에서 남아메리카, 뉴기니, 오스트레일리아에 분포한다. 지리적으로 20 또는 30아종으로 나눈다. 국내는 하천, 산간 계류에서 서식하는 흔한 여름철새이다.

행동 물이 흐르는 개울, 하천의 보에서 움직임 없이 장시간 서 있다가 물고기, 미꾸라지 등을 뾰족한 부리로 잡아낸다. 둥지는 10m 내외 높이의 나무 위에 마른 나뭇가지로 허술하게 접시형으로 짓고, 4~5개의 청록색 알을 낳는다. 다른 백로처럼 무리를 이루지 않고 단독으로 생활한다.

특징 암수 같은 색이다. 머리는 청색 기운이 있는 검은색이며 뒷머리에 긴 검은색 댕기가 있다. 등과 날개는 청색 기운이 있는 회흑색이다. 큰날개덮깃과 작은날개덮깃의 가장자리가 흰색이다. 몸아랫면은 엷은 청회색이며 가슴 중앙에 흰색의 세로줄무늬가 있다.

어린새 멱에서 아랫배까지 흰색과 흑갈색 세로줄무늬가 있다. 날개깃과 날개덮깃은 흑갈색이며, 날개덮깃 가장자리는 흰색 반점이 흩어져 있다.

백로과

성조 여름깃 6월 경기도 광릉

성조 여름깃 8월 17일 경기도 퇴촌

어린새에서 1회 겨울깃으로 깃털갈이중 8월 하남시

1회 여름깃 8월 20일 하남시 미사리

성조와 새끼(우) 7월 강원도 철원

어린새 8월 경기도 광릉

장소	날짜
특이사항	

029 해오라기

Nycticorax nycticorax
Black-crowned Night Heron
L50~56cm

성조 여름깃 6월 충남 천수만

1초~12하

서식 유라시아대륙, 사하라 남부의 아프리카, 동남아시아, 캐나다 남부 이남에 분포한다. 지리적으로 4아종으로 나눈다. 국내는 비교적 흔한 여름철새이며 일부는 남부지방에서 월동한다. 1990년대 초까지 드문 여름철새였으나 최근 전국의 하구, 호수, 습지, 하천에서 월동하는 개체가 늘고 있다.

행동 야행성으로 아침 저녁으로 활동하지만 낮에도 먹이를 찾아 움직인다. 다른 백로류와 섞여 야산에서 집단으로 번식한다. 둥지는 나뭇가지 위에 접시모양으로 만든다. 포란기간은 21~27일 정도이고 3~6개의 청록색 알을 낳는다.

특징 목이 짧고 두껍다. 머리에서 등까지 검은색을 띠는 녹색이다. 날개는 회색이며 폭이 넓다. 뒷목에 2~3개의 흰깃이 길게 돌출되어 있다. 홍채는 붉은색이다. 몸아랫면은 흰색이다.

어린새 전체가 갈색이며 흰색 또는 황갈색 반점이 흩어져 있다. 홍채는 노란색이다.

닮은종 검은댕기해오라기 약간 작으며 몸이 가늘다. 날개폭이 좁다. 등과 날개는 동일한 청색을 띠는 흑색이며 뒷머리에 검은색 깃이 돌출되어 있다. 해

백로과

오라기와 달리 자갈이 있는 산간계류, 작은 하천 등지에서 서식한다.

성조 여름깃 2월 강원도 속초

성조 5월 28일 강원도 춘천

성조 여름깃 5월 4일 충남 천수만

어린새 8월 경기도 광릉

어린새 10월 전남 흑산도

장소	날짜
특이사항	

030 붉은해오라기 *Gorsachius goisagi* Japanese Night Heron

백로과
L49cm

4월 24일 제주도 ⓒ 김병수

4, 5, 6월

서식 일본의 관동지방 이남의 혼슈, 규슈 등지에서 번식하고, 대만, 필리핀에서 월동한다. 국내는 부산, 제주도, 경남 홍도, 전남 홍도 등지에서 관찰된 미조이다.

행동 나무가 무성한 구릉이나 낮은 산에서 단독으로 생활하고 저녁에 휴식장소에서 채식장소로 이동한다. 산지의 숲에서 번식하며, 나무가 무성한 계류와 습지에서 먹이를 찾는다.

5월 11일 전남 홍도 ⓒ곽경근

특징 암수 같은 색이다. 짧고 두꺼운 부리를 가지며, 눈앞은 엷은 하늘색, 부리는 검은색이다. 머리에서 뒷목까지 적갈색이며, 몸윗면은 어두운 갈색이다. 몸아랫면은 엷은 갈색이며 멱에서 배까지 몇 줄의 흑갈색 세로줄무늬가 있다. 비상시 날개에 눈에 띄는 검은 줄무늬가 있다. 다리 앞부분은 청색을 띠는 흑색이며, 뒷부분은 엷은 황색이다.

어린새 전체적으로 성조보다 더 어두운 색이며 머리와 날개에 흑색과 흰색의 벌레 먹은 무늬가 흩어져 있다.

031 푸른눈테해오라기 *Gorsachius melanophus* 백로과
Malaysian Night Heron L47~53cm

6월 4일 전북 군산 ⓒ강정훈

6월 4일 전북 군산 ⓒ강정훈

6월

서식 인도 서남부와 북동부, 인도차이나반도, 중국 남부, 대만, 류큐제도 남부, 인도네시아, 필리핀에 분포한다. 국내는 2006년 6월 4일 전북 군산에서 1개체가 구조된 기록이 있다.

행동 상록활엽수림의 늪지, 개울 등지에서 생활하며, 습지, 논 등지에서도 먹이를 찾는다. 매우 조용히 움직이며, 주로 밤에 사냥한다.

특징 붉은해오라기와 비슷하게 몸윗면이 전체적으로 적갈색을 띠지만 정수리가 검은색이며, 뒷머리에 길게 돌출된 댕기가 있다. 눈 주변과 눈앞의 청색은 붉은해오라기보다 뚜렷하게 선명하고 폭이 넓다. 몸아랫면은 엷은 갈색이며, 앞목에서 가슴까지 흑갈색 세로줄무늬가 있다. 가슴에서 배까지 흰색과 검은색의 얼룩 반점이 흩어져 있다. 비상시 첫째날개깃 끝과 첫째날개덮깃 끝이 흰색으로 보인다.

어린새 정수리에서 뒷목까지 검은색 바탕에 흰색 반점이 불규칙하게 흩어져 있다. 몸윗면은 엷은 회색 바탕에 검은색 얼룩 반점이 심하게 흩어져 있다.

장소	날짜
특이사항	

032 덤불해오라기 *Ixobrychus sinensis*
Chinese Little Bittern / Yellow Bittern L36.5~38.5cm

성조 ♀ 6월 18일 전남 영암호

5하~9하

서식 동아시아, 동남아시아, 인도, 미크로네시아 서부에서 번식한다. 국내는 물고인 논, 하천변의 갈대밭에서 서식하는 흔한 여름철새이다.

행동 주로 갈대 같은 줄기에 앉아 있다가 어류와 새우, 개구리, 곤충류를 잡아먹지만 크기가 작고 위장술이 뛰어나 확인하기 어렵다. 둥지는 수면에서 1~2m 높이의 풀줄기 사이에 여러 가닥의 줄기를 꺾어 서로 엮어 접시모양으로 만든다. 5~6개의 흰색 알을 낳으며, 포란기간은 14~19일이다.

특징 매우 작은 크기이다. 홍채는 엷은 황색이며 동공 뒤에 큰덤불해오라기처럼 검은 점이 없다. 부척위의 퇴부에 완전하게 깃털을 덮고 있는 것이 큰덤불해오라기와 다르다.

수컷 몸윗면은 암컷보다 약간 진한 적갈색이며, 이마에서 뒷목까지 청색이 도는 검은색이다. 몸아랫면은 엷은 황백색이며, 멱에 불명확한 엷은 갈색의 세로줄무늬가 5열 있다.

암컷 수컷과 비슷하지만 머리는 갈색에 흑갈색 줄무늬가 흩어져 있다. 옆목아래로 5열의 비교적

백로과

뚜렷한 갈색 줄무늬가 있다.

어린새 몸윗면에 흑갈색 줄무늬가 뚜렷하고, 몸아랫면의 세로줄무늬는 성조보다 선명하다.

닮은종 큰덤불해오라기 전체적으로 진한 갈색을 띤다. 동공뒤에 검은 반점이 있다. 비상시 등색과 날개깃의 색 차이가 크지 않으며, 날개의 검은색이 덤불해오라기보다 엷게 보인다.

성조 ♂ 7월 20일 강원도 속초

성조 ♀ 7월 30일 강원도 속초

어린새 7월 경기도 양수리

성조 ♂ 6월 11일 전남 영암호

새끼 7월 20일 강원도 속초

장소	날짜
특이사항	

033 큰덤불해오라기 *Ixobrychus eurhythmus*
Schrenck's Bittern L37.5cm

성조 ♂ 6월 하남시 미사리

5하~9하

서식 시베리아 동부, 중국 동부, 사할린, 한국, 일본에서 번식하고, 동남아시아, 필리핀에서 월동한다. 호수, 하천, 습지의 갈대밭, 논 등에 서식하는 여름철새이다.

행동 낮에는 갈대가 무성한 곳에서 휴식을 취하거나 습지에서 자세를 낮추고 먹이를 기다리는 행동을 하다가 저녁부터 이른 아침까지 활발히 활동한다. 덤불해오라기보다 더 건조한 곳을 선호하는 경향이 있다. 둥지는 풀밭의 땅위에 죽은 초본을 이용해 밥그릇모양으로 만들지만 드물게 물위 약 1m 정도의 갈대줄기에 만드는 경우도 있다. 위험을 인식하면 알락해오라기와 덤불해오라기처럼 머리를 똑바로 위로 향하는 자세로 움직이지 않는다. 주로 어류, 개구리, 곤충류를 잡는다.

특징 덤불해오라기와 비슷하지만 전체적으로 진한 갈색을 띤다. 홍채는 엷은 황색이며 그 후방으로 작은 검은 점이 있어 동공과 연결된 것처럼 보인다. 부척위의 퇴부는 깃털이 덮여 있지 않고 노출되어 있다.

백로과

수컷 이마에서 정수리까지 검은색 기운이 있다. 몸윗면은 균일한 적갈색이며 날개덮깃은 회갈색이다. 앞목에 눈에 띄는 갈색 세로줄이 1열 있다.

암컷 몸윗면은 갈색으로 흰색 반점이 조밀하다. 비상시 등과 날개덮깃에 흰무늬가 보인다. 목에 갈색 세로줄이 5열 있다.

어린새 암컷과 비슷하지만 색이 옅고 더 많은 줄무늬가 있다. 성조 암컷과 달리 날개덮깃에 흰색 반점이 없다.

실태 국제자연보전연맹의 적색자료목록에 최소 보호대상종(LC)으로 분류되어 있는 국제보호조이다.

닮은종 덤불해오라기 동공뒤에 검은 점이 없다. 부척위의 퇴부 전체에 깃털이 덮여 있다. 비상시 머리중앙은 등보다 어두운 색을 띤다.

성조 ♀ 10월 하남시 미사리

성조 ♂ 6월 5일 전남 영암호

성조 ♀ 10월 하남시 미사리

장소		날짜	
특이사항			

034 열대붉은해오라기 *Ixobrychus cinnamoneus* 백로과
Cinnamon Bittern L37~40cm

성조 ♂ 5월 28일 전남 흑산도

5월

서식 중국 남부에서 대만, 필리핀, 동남아시아, 인도에 분포한다. 국내는 미조로 기록되어 있지만 극소수가 규칙적으로 찾아오는 듯하다. 물고인 논, 습지, 초지, 갈대밭 등지에서 서식한다.

성조 ♂ 5월 27일 전남 흑산도

행동 이른 저녁에 활발히 활동한다. 먹이는 어류, 양서류, 파충류, 곤충류이다. 위험을 감지하면 부리를 위로 향한 채 움직이지 않는 의태행동을 한다.

특징 전체적으로 적갈색을 띠며 비상시 날개 전체가 적갈색을 띠는 점이 다른 덤불해오라기류와 다르다. 동공뒤에 검은색의 작은 반점이 있다.

어린새 암컷과 비슷하지만 몸윗면의 깃가장자리에 황갈색 무늬가 흩어져 있다. 얼굴은 엷은 황갈색 바탕에 흑갈색 줄무늬가 흩어져 있다.

닮은종 큰덤불해오라기 수컷은 이마에서 정수리까지 검은색이 있다. 몸윗면은 적갈색이며 날개덮깃은 회갈색이다. 암컷의 몸윗면은 약간 큰 흰색 반점이 조밀하게 흩어져 있다.

035 검은해오라기

Ixobrychus flavicollis
Black Bittern

백로과

L58cm

성조 ♂ 5월 19일 소청도 ⓒNial Moores/새와 생명의 터

5, 6월

서식 중국 남부, 동남아시아, 인도, 뉴기니, 오스트레일리아에 서식한다. 지리적으로 3아종으로 나눈다. 국내는 1990년 6월 강원도에서 수컷 1개체가 채집된 이후 1995년 5월 24일 제주도에서 1개체, 2000년 5월 초 하태도에서 1개체, 2003년 5월 중순 어청도에서 1개체, 2004년 5월 중순 대흑산도에서, 1개체, 2005년 5월 19일 소청도에서 1개체, 2006년 5월 28일 제주도 마라도 1개체, 2007년 5월 18일 전남 대흑산도에서 1개체가 관찰된 미조이다.

행동 습지, 물고인 논, 갈대밭에서 생활한다. 몸을 움츠리고 걸어가면서 곤충류, 개구리, 어류 등을 먹는다.

특징 비상시 몸윗면 전체가 검은색으로 보인다.

수컷 몸윗면은 균일한 검은색이다. 턱과 가슴은 흰색이며 폭넓은 흑갈색과 적갈색의 세로줄무늬가 흩어져 있다. 아랫배는 회흑색이다.

암컷 몸윗면은 흑갈색이며 몸아랫면은 수컷과 비슷하다.

어린새 암컷과 비슷하지만 몸윗면의 깃가장자리가 황갈색이다.

장소	날짜
특이사항	

036 알락해오라기

Botaurus stellaris
Eurasian Bittern

백로과
L70~76cm

겨울깃 2월 충남 천수만

11초~3하

서식 유라시아 중부, 북아프리카, 남아프리카, 일본의 북해도에서 번식하고, 겨울에는 아프리카, 남아시아, 동남아시아 등지에서 월동한다. 지리적으로 2아종으로 나눈다. 국내는 드물게 월동하는 겨울철새이다.

12월 29일 충남 천수만 ⓒ 김신환

행동 단독으로 생활한다. 호수와 하천 주변의 넓은 습지에서 생활하며, 덤불해오라기처럼 개방된 곳을 피한다. 낮에는 갈대밭 등 습지에 머물다가 아침 저녁으로 활발히 움직이며 먹이를 찾는다. 경계할 때는 목을 길게 하늘로 뻗고 움직임 없이 주변을 응시하는 행동을 하며, 갈대와 매우 비슷한 색을 띠어 관찰하기 힘들다.

특징 다른 백로류보다 목이 두꺼우며, 날개폭이 넓다. 전체가 황갈색이며 흑갈색의 반점이 흩어져 있다. 멱에서 가슴까지 갈색의 세로 반점이 있다.

037 따오기

Nipponia nippon
Crested Ibis

저어새과
L76.5cm

성조 여름깃 중국 양현 ⓒ김수일

10초~2하

천연기념물 198호

서식 중국의 싼시성(陝西省) 양현(洋縣)에서만 서식한다. 대략 1980년대 초까지 지구상에 살아있는 수는 단지 약 15~20개체로 추정하였고, 1980년대부터 실시한 복원사업 등으로 현재 약 700개체 이상이 생존해 있다. 국내는 과거 흔한 겨울철새였지만, 판문점 주변에서 1974년 4개체, 1977년 2개체, 1978년 1개체가 확인된 것이 마지막 기록이다.

행동 아래로 굽은 부리를 진흙에 묻고 머리를 좌우로 저으며 먹이를 찾는다. 물가에서 개구리, 미꾸라지, 게, 우렁이, 땅강아지, 조개류를 먹는다. 봄·가을에는 게, 여름에는 곤충, 겨울에는 소형 어류를 주식으로 한다.

특징 아래로 굽은 긴부리가 있다. 비번식기에는 대부분 흰색이지만 날개덮깃은 선홍색이다. 얼굴은 붉은 피부가 노출되어 있다. 뒷머리에 긴댕기가 있다. 번식기가 되면 머리, 등, 날개덮깃이 회색으로 변한다.

실태 국제자연보전연맹의 적색자료목록에 멸종위기종(EN)으로 분류되어 있는 국제보호조이다. 천연기념물 198호.

장소		날짜	
특이사항			

038 노랑부리저어새 *Platalea leucorodia*
Eurasian Spoonbill

L86cm

성조와 미성숙 개체(오른쪽 끝) 1월 충남 천수만

10중~3하

천연기념물
205-2호

서식 유라시아대륙 중부, 인도, 아프리카 북부에서 번식하고, 중국 동남부, 한반도, 일본, 아프리카 북부 등지에서 월동한다. 지리적으로 3아종으로 나눈다. 국내는 천수만, 제주도 하도리와 성산포, 낙동강, 주남저수지에서 월동한다. 한국을 찾는 수는 대략 300마리 미만이다. 이동시기에는 강화도 서남단의 갯벌에서도 관찰된다.

행동 얕은 물 속에서 부리를 좌우로 저어가며 작은 물고기, 새우, 게, 수서곤충 등을 잡는다. 휴식할 때에는 부리를 등에 파묻고 잠잔다. 무리 안에는 저어새가 섞여 월동하는 경우도 있다.

특징 백로보다 목이 짧고, 굵은데 날아갈 때에는 황새, 두루미와 같이 목을 쭉 뻗고 비행한다. 부리끝이 주걱처럼 넓은 모양이다. 부리와 다리를 제외하고 전체적으로 흰색이다. 눈앞이 밝은 색으로 눈 주위가 완전히 검은색을 띤 저어새와 쉽게 구별된다. 근거리에서 턱밑은 노란색 피부가 드러나 보인다.

번식깃 뒷머리에 흰색의 댕기가 늘어져 있다. 앞가슴에 노란색 띠가 있다.

겨울깃 뒷머리의 댕기가 여름깃보다 짧다. 앞가슴에 노란색이 없다.

어린새 날개 끝부분이 검은색이다. 부리 전체가 핑크색을 띠는 검은색이며

저어새과

부리끝에 노란색이 없다. 뒷머리에 댕기가 없다.

실태 천연기념물 205-2호.

닮은종 저어새 주로 갯벌에서 먹이를 찾는다. 부리 전체가 검은색이다. 눈앞에 검은색 피부가 넓게 노출되어 있어 부리와 눈이 붙어 있는 것처럼 보인다.

겨울깃에서 여름깃으로 털갈이 중 4월 충남 천수만

1월 충남 천수만

어린새 1월 경기도 탄천

저어새

노랑부리저어새

겨울깃 12월 충남 천수만

장소	날짜
특이사항	

039 저어새

Platalea minor
Black-faced Spoonbill

L73.5cm

성조 여름깃 5월 9일 강화도 석도

1초~12하
천연기념물
205-1호

서식 한반도 서해안의 무인도에서 번식하고 일부는 중국 요동반도의 무인도에서 번식한다. 한국, 대만, 베트남, 홍콩, 타이완, 일본 등지에서 월동한다. 국내는 제주도 성산포가 최대 월동지이며 약 30개체 미만이 월동하는 것으로 조사되었다.

행동 물고인 갯벌, 하구 등 습지에서 주걱 같은 부리를 휘저으며 먹이를 찾는다. 번식은 5월 바위 턱에서 집단으로 한다. 알은 2~3개를 낳으며 흰색 바탕에 갈색, 자색 반점이 있다. 포란기간은 26일이며 새끼는 40일 후에 둥지를 떠난다. 강화도 앞 무인도 비도, 석도에서 집단번식한다.

특징 노랑부리저어새와 같이 특이한 모양의 부리를 가지고 있다. 부리앞에 검은색 피부가 넓게 노출되어 있어 부리와 눈이 붙어 있는 것처럼 보인다.
번식깃 눈앞에 반달모양의 작은 노란색 반점이 있다. 가슴에 엷은 노란색을 띠며, 뒷머리에 엷은 노란색 댕기가 있다.
겨울깃 뒷머리의 댕기가 없어지며 가슴에 노란색이 없다.

어린새 날개 끝이 검은색으로 비상시에 선명하게 보인다. 부리가 핑크빛을 띠며 윗부리에 주름이 없다.

실태 국제자연보전연맹의 적색자료목록에 멸종위기종(EN)으로 분류되어 있는 국제보호조이다. 천연기념물 205-1호. 지구상의 생존 개체수는 2007년 조사에서는 약 1,600마리 정도로 파악되고 있다. 그동안 드문 겨울철새로 알려졌으나 1991년 6월 전남 칠산도에서 번식하는 모습이 확인된 이후 1994년 6월 연평도와 강화도 사이의 비무장지대 내의 비도, 해도, 우도, 유도에서 번식하는 것이 확인되었다.

성조 여름깃 5월 강화도 석도 ⓒ이종열

겨울깃 1월 제주도 하도리

저어새와 노랑부리저어새(중앙) 2월 제주도 하도리

성조와 어린새 6월 16일 강화도 석도

장소	날짜
특이사항	

040 먹황새

Ciconia nigra
Black Stork

L99cm

성조 3월 10일 전남 함평

10중~3하

천연기념물
200호

서식 유라시아대륙의 온대, 아프리카 남부에서 번식하고, 아프리카, 인도, 중국 남부에 월동한다. 경북 안동군 도산면 가송리의 바위 절벽에서 번식해 왔던 텃새는 1968년 이후 자취를 감추었다. 국내는 경기도 파주, 제주도 등지에서 관찰된 기록이 있다. 2003년 전남 함평의 대동댐에서 9개체가 월동한 이후 대동댐에 지속적으로 찾아오고 있다. 이동시기에 서해안을 주기적으로 통과하며, 불규칙하게 극소수가 월동한다.

행동 주변을 경계하기 좋은 환경을 가진 산림에서 번식한다. 갈대가 무성한 저수지, 습지 주변에서 단독 또는 작은 무리를 이루어 먹이를 찾는다. 경계심이 매우 강해 사람이 접근할 때에 쉽게 날아오른다.

특징 몸윗면에서 아랫목까지 자주색과 녹색의 광택이 있는 검은색을 띤다. 몸아랫면은 균일한 흰색이다. 부리와 다리는 길며 붉은빛을 띠는 살색이다. 뒷머리에 약간 돌출된 깃은 근거리에서 확인이 가능하다. 눈 주위에 붉은 피부가 노출되어 있다. 비상시 몸안쪽의 아랫날개덮깃의 일부가 흰색으로 보인다.

암컷 수컷에 비하여 광택이 약간 적다. 눈 주위의 노출된 붉은색 피부가 적다.

황새과

어린새 성조의 검은색 부분은 어두운 갈색을 띠며 깃가장자리가 연한 색이다. 성조와 달리 금속 광택이 없다. 부리, 눈 주위, 다리는 녹회색을 띤다. 목깃에 때묻은 흰색 반점이 흩어져 있다.

실태 천연기념물 200호. 러시아의 하바로프스크지방과 백두산 북부지방에 번식한다는 기록이 있다. 하바로프스크지방에 약 200쌍이 확인되었으며, 최근 북한에서의 번식기록은 없다.

성조 2월 전남 함평

성조 3월 10일 전남 함평

성조 12월 29일 전남 함평

어린새 10월 14일 전남 홍도

장소	날짜
특이사항	

041 황새

Ciconia boyciana
Oriental White Stork

L112cm

성조와 미성숙 개체 12월 충남 천수만

11초~3하

천연기념물
199호

서식 시베리아 남동부, 중국 동북부에서 번식하고, 중국 남동부, 한국에서 월동한다. 국내는 마을에서 멀지 않은 산림 내의 큰 나무에서 번식하는 텃새였으나, 1970년대까지 충북 음성에서 번식하던 개체가 희생당한 이후 야생의 텃새는 완전히 사라졌다. 현재 겨울철에 천수만 간월호, 금강 하구, 해남, 제주도 등지에 불규칙하게 찾아오며, 개체수는 대략 5~15마리가 전부이다.

행동 부부관계는 평생 유지되며 매년 같은 둥지를 보수하여 번식한다. 번식기에는 무리를 짓지 않고 비교적 조용한 곳에서 독립된 쌍을 형성하여 생활하며 어린새는 둥지를 떠난 뒤에도 일정 기간 부모새와 함께 생활을 한다. 논, 하천, 호수에서 작은 물고기, 개구리, 들쥐, 미꾸라지 등을 잡아먹으며, 종종 상승기류를 타고 하늘 높이 날아오른다. 겨울에는 작은 무리를 이루며 경계심이 매우 강하여 접근이 힘들다.

특징 암수 같은 색이다. 날개의 검은색을 제외하고 전체적으로 흰색을 띤다. 부리는 매우 크며 검은색이다. 홍채는 엷은 황색이며 눈 주위가 붉은색이다. 다리는 붉은색이다.

실태 국제자연보전연맹의 적색자료목록에 멸종위기종(EN)으로 분류되어 있

황새과

는 국제보호조로서 지구상의 생존 개체수는 대략 3,000마리로 추정된다. 천연기념물 199호.

성조 6월 26일 충남 천수만

1월 충남 천수만

1월 충남 천수만

12월 충남 천수만

미성숙개체 12월 9일 전남 흑산도

장소	날짜
특이사항	

042 혹고니

Cygnus olor
Mute Swan

L152cm

성조와 미성숙 개체(좌) 1월 강원도 화진포

11초~3하

천연기념물
201-3호

서식 유럽 중·서부, 몽골, 바이칼호 동부, 우수리강 유역에서 번식하고, 소아시아, 북아프리카, 중국 동부, 한국에서 월동한다. 한국을 찾는 개체수는 극히 드물어 강원도 송지호, 화진포호 등지에서 관찰되며, 간혹 천수만 간척사업 이후 부남호에서도 적은 수가 관찰되고 있다. 가장 많은 수가 월동하는 화진포의 경우 호수가 결빙되면 모두 자취를 감추는데 어디로 이동하여 월동하는지 알려지지 않고 있다.

행동 수생식물의 뿌리와 줄기를 먹는다. 다른 고니류처럼 시끄러운 소리를 거의 내지 않는다. 고니류는 한번 짝짓기를 하면 짝을 바꾸지 않고 평생을 함께 살아간다.

특징 전체가 흰색이다. 오렌지색 부리와 검은색의 혹이 있다. 눈앞은 검은색이다.

번식깃 뺨과 앞목은 적갈색으로 머리의 흑갈색과 비교된다. 뺨에서 앞목까지 황갈색으로 변하며 몸아랫면도 황갈색이 강하게 나타난다.

어린새 전체가 회갈색이다. 부리 색이 옅으며 혹이 거의 보이지 않는다.

실태 천연기념물 201-3호.

오리과

성조 2월 강원도 화진포

성조 8월 경남 주남저수지 ⓒ최종수

성조와 미성숙 개체 2월 강원도 화진포

2월 강원도 화진포

성조 1월 강원도 화진포

2월 강원도 화진포

장소	날짜
특이사항	

043 큰고니

Cygnus cygnus
Whooper Swan

L140cm

성조 12월 금강

11초~3하

천연기념물
201-2호

서식 유라시아대륙 북부, 아이슬란드에서 번식하고, 유럽, 카스피해 주변, 한국, 중국 동부, 일본에서 월동한다. 주로 동해안의 석호, 서산, 하남시 팔당, 금강 하구, 낙동강 하구, 주남저수지 등지의 습지에서 무리지어 월동한다.

행동 초식성으로 자맥질하여 긴 목을 물 속에 넣어 넓고 납작한 부리로 호수 밑바닥의 풀뿌리와 줄기를 끊어 먹거나, 질퍽한 갯벌에 부리를 파묻고 우렁이, 조개, 해초, 작은 어류를 먹는다. 가족단위로 생활한다.

특징 몸 전체가 흰색이다. 부리끝은 검은색, 기부는 노란색이다. 노란색 부분이 크고 끝이 삼각형모양이다. 고니는 검은색 부분이 노란색보다 크며 끝이 둥그스름하다.

어린새 몸 전체가 회갈색을 띤다. 부리기부는 황백색이며, 끝부분은 검은색이다.

실태 천연기념물 201-2호. 국내에는 약 4,000~5,000개체가 월동한다. 최대 월동군은 낙동강 하구에서 약 3,000개체 이상이 확인되고 있다.

닮은종 고니 부리기부의 노란색이 검은색보다 작으며 검은색과 만나는 부분이 둥그스름한 형태이다.

오리과

성조 3월 3일 하남시 미사리

성조 2월 하남시 미사리

1월 하남시 미사리

12월 금강

미성숙 개체 1월 3일 충남 천수만

3월 강원도 화진포

장소	날짜
특이사항	

044 | 고니

Cygnus columbianus
Tundra Swan

L120cm

성조 2월 4일 낙동강 하구

11초~3하

천연기념물
201-1호

서식 유라시아대륙 북부에서 번식하고, 유럽 서부, 카스피해 주변, 한국, 중국 동부, 일본에서 월동한다. 지리적으로 2아종으로 나눈다. 큰고니와 섞여 월동하지만 그 수가 많지 않다.

행동 번식지에서 월동지로 찾아올 때 가족 단위로 움직이는데, 그 해 태어난 어린새는 부모로부터 길을 익히며 월동지에 도착한다. 먹이와 다른 행동은 큰고니와 같다.

특징 전체가 흰색이다. 부리끝이 검고 기부는 노란색이다. 노란색 부분이 검은색보다 작으며 끝이 둥그스름하다.

어린새 다 성장하기 위해서는 약 3년이 걸리는데 1년생은 회갈색깃을 띠고 있어 쉽게 식별할 수 있다. 부리기부는 때문은 흰색과 핑크색을 띠며, 부리끝의 검은색과의 경계가 불명확하다.

아종 지리적으로 2 또는 3아종으로 분류한다. 3종으로 분류할 경우 알래스카와 캐나다 북부에 분포하는 아종은 *columbianus*이며, 유라시아대륙 북부에 분포하는 아종은 *bewickii*, 아시아 동북부에 분포하는 아종은 *jankowskii*이다. 그러나 2아종으로 분류할 경우 *jankowskii*를 *bewickii*에 포함시킨다. 또

오리과

한 학자에 따라 *bewickii*를 독립된 종으로 분류하기도 한다.
실태 천연기념물 201-1호.
닮은종 큰고니 고니보다 크다. 부리의 노란색이 고니보다 넓고 검은색과 만나는 부분이 각진 형태이다.

3월 강원도 송지호

성조 10월 23일 강원도 강릉

3월 강원도 송지호

고니 　　**큰고니**

무리 1월 25일 전북 군산

장소	날짜
특이사항	

045 | 개리

Anser cygnoides
Swan Goose

L87cm

성조 12월 경기도 파주

10초~4중

천연기념물
325-1호

서식 러시아 극동, 중국 동북부, 몽골, 중국 흑룡강성의 자룡 습지보호구, 사할린 북부 등 매우 제한된 지역에서 번식하고, 한국, 중국의 양쯔강 유역, 대만, 일본에서 월동한다. 한국을 찾아오는 대부분의 개체는 금강 하구, 한강 하구에서 월동한다. 또한 봄·가을 이동시기에 한강과 임진강이 만나는 경기도 파주시 교하리의 비무장지대에는 1,000여 마리 이상이 무리지어 찾아든다.

행동 질편한 갯벌에서 머리를 뻘 속 깊이 집어넣고 세모고랭이, 우렁, 어패류, 식물의 뿌리 등을 먹는다. 마른 모래톱보다는 물고인 습지, 갯벌을 좋아한다.

특징 기러기류 가운데 부리와 목, 다리가 가장 길다. 몸윗면은 흑갈색, 몸아랫면은 엷은 갈색이며 옆구리는 흑갈색을 띤다. 머리에서 뒷목은 암갈색이며, 앞목은 흰색으로 뚜렷이 경계를 이룬다. 부리기부에 흰색 깃이 있다.

어린새 부리기부에 흰색 띠가 없다.

실태 천연기념물 325-1호. 지구상의 생존 개체수는 약 6만 마리로 추정되며, 서식지 상실, 농경지 확대 등으로 개체수가 빠르게 감소하고 있다. 국제자연

오리과

보전연맹의 적색자료목록에 멸종위기종(EN)으로 분류되어 있는 국제보호조이다.

성조 12월 경기도 파주

성조 12월 26일 금강

성조 12월 금강

성조 12월 경기도 파주

어린새 11월 28일 금강

장소	날짜
특이사항	

046 큰기러기

Anser fabalis
Bean Goose

L84.5~90cm

큰기러기 *A. f. serrirostris* 1월 24일 충남 천수만

9하~3하

서식 유라시아대륙 북부의 개방된 툰드라 저지대에서 번식하고, 유럽 중·남부, 중앙아시아, 한국, 중국의 황하, 양쯔강 유역, 일본에서 월동한다. 지리적으로 5아종으로 나누며 한국에는 2아종이 찾아온다. 국내는 철원평야, 서산 천수만, 금강 십자뜰 등 주로 넓은 농경지에서 월동한다.

행동 비행시 울음소리를 주고받으며 일정한 대형을 만들면서 이동한다. 날개짓이 오리류보다 느리고 무게 있게 난다. 농경지 및 습지에서 무리를 이루어 벼이삭, 논의 잡초, 목초 등을 먹는다. 경계심이 강해 위험을 느끼면 목을 길게 세워 주위를 살핀다.

특징 전체가 암갈색이며 몸아랫면이 다소 엷은 색을 띤다. 부리는 검은색이며 끝부분에 황색의 독특한 무늬가 있다. 이마가 둥그스름하게 보이며 부리가 짧고, 뭉툭한 형태이다. 이 같은 형태는 툰드라의 개방된 환경에서 생활하는데 적응한 것으로 월동지에서도 넓은 농경지에서 휴식과 채식활동을 한다. 개체에 따라 이마에 가는 흰무늬가 있는 경우도 있다.

어린새 전체적으로 성조보다 색이 엷으며, 몸윗면의 깃가장자리가 흰색으로 비늘무늬가 있다. 몸아랫면은 불명확한 흑갈색 얼룩 반점이 흩어져 있다

오리과

아종 큰부리큰기러기 Taiga Bean Goose *A. f. middendorffi* 시베리아 동부와 바이칼호 주변에서 번식하고, 중국 동부, 한반도, 일본에서 월동한다. 낙동강, 금강 하구 등지에서 흔히 월동한다. 갈대, 마름 등 수생식물이 무성한 습지를 좋아하며 뿌리와 줄기, 종자를 먹는다. 몸이 크고 부리가 길다. 이마와 부리의 경사가 비교적 완만하게 보인다.

큰부리큰기러기 *A. f. middendorffi* 12월 하남시 미사리

1월 충남 천수만

1월 충남 천수만

큰기러기　　**큰부리큰기러기**

큰기러기 *A. f. serrirostris* 2월 충남 천수만

장소	날짜
특이사항	

047 쇠기러기

Anser albifrons
Greater White-fronted Goose
L63~73cm

성조 3월 3일 금강 ⓒ박형욱

9하~3하

서식 유라시아, 북아메리카, 그린란드의 북극권에서 번식하고 유럽 중부, 중국, 한국, 일본, 북아메리카 중부에서 월동한다. 지리적으로 5아종으로 나눈다. 국내는 비교적 흔하게 월동하는 겨울철새이다.

행동 물고인 습지보다는 수확이 끝난 논에 찾아와 낟알, 벼 그루터기를 먹는 경우가 많다. 주로 철원평야, 천수만, 금강 등 강, 해안 주변의 넓은 농경지에서 먹이를 찾는다. 항상 무리를 이루어 행동하며 경계심이 강하다.

특징 몸 전체가 암갈색이다. 몸아랫면은 엷은 갈색에 검은 줄무늬가 있다. 이마가 흰색으로 큰기러기와 쉽게 구별된다. 부리는 등색 기운이 있는 핑크색이다. 일부 개체는 이마의 흰색 무늬가 정수리 아래까지 다다르거나, 폭좁은 노란색 눈테를 가져 흰이마기러기로 혼동할 수 있지만 부리가 흰이마기러기보다 현저하게 길다.

어린새 부리 색이 엷으며 끝이 검다. 이마에 흰색이 거의 없다. 몸아랫면에 검은 줄무늬가 거의 없다. 앞가슴부터 배까지 작은 검은 반점이 흩어져 있는 개체도 있다. 월동 중 1회 겨울깃으로 깃털갈이 중인 개체는 이마에 폭좁은 흰색을 띠며 배에 검은 무늬가 나타난다.

오리과

1회 겨울깃 이마의 흰색 폭이 성조보다 뚜렷하게 좁다. 몸아랫면의 검은 줄무늬가 거의 없거나 성조보다 적다.

미성숙 개체 12월 28일 금강

성조 2월 27일 금강

12월 금강

성조 12월 27일 금강

어린새와 성조(뒤) 11월 21일 경남 주남저수지

장소	날짜
특이사항	

048 흰이마기러기 *Anser erythropus*
Lesser White-fronted Goose   L58.5cm

성조 2월 29일 금강

11초~3하

서식 유라시아대륙의 북극권에서 번식하고, 유럽 남부, 중동, 중국의 양쯔강 중류에서 월동한다. 국내는 매우 드물게 찾아오는 겨울철새이다.

행동 대부분 쇠기러기 무리에 섞여 1~2마리가 월동하지만 한국을 찾는 수는 몇 마리에 불과하다.

특징 전체적으로 쇠기러기보다 작으며 몸윗면이 더 어두운 색이다. 부리는 핑크색을 띠며, 쇠기러기보다 현저하게 짧다. 이마에서 머리꼭대기까지 흰 무늬가 폭넓게 분포한다. 황색의 눈테가 뚜렷하다. 얼굴 주변은 쇠기러기와 달리 회흑색 기운이 있다. 배에 검은 줄무늬가 쇠기러기보다 적고 가늘다. 앉아 있을 때 쇠기러기와 달리 첫째날개깃 끝이 꼬리뒤로 약간 길게 돌출된다.
어린새 전체적으로 성조보다 어두운 색을 띠며 가슴에 검은색 줄무늬가 없다. 성조와 달리 눈테는 연한 노란색이다. 이마에 흰색 무늬가 거의 없다.
1회 겨울깃 이마의 흰색 폭이 성조보다 좁아 쇠기러기 성조와 거의 같은 크기이다. 노란색 눈테가 비교적 뚜렷하다. 배의 검은 줄무늬가 성조보다 약하다.
실태 국제자연보전연맹의 적색자료목록에 취약종(VU)으로 분류되어 있는 국제보호조이다.

오리과

닮은종 쇠기러기 흰이마기러기보다 크고 부리가 길다. 황색 눈테가 없다. 이마의 흰색 무늬가 정수리까지 다다르지 않는다. 그러나 일부 개체는 이마의 흰색 무늬가 정수리까지 다다르며, 폭좁은 흐린 노란색 눈테를 가져 흰이마기러기로 혼동할 수 있지만 부리가 흰이마기러기보다 현저하게 길다.

성조 1월 9일 경남 주남저수지 ⓒ김성현

성조 2월 29일 금강

어린새 2월 27일 금강

쇠기러기   흰이마기러기

2월 29일 금강

장소	날짜
특이사항	

049 흰기러기

Anser caerulescens
Snow Goose

오리과
L67cm

성조 1월 18일 충남 천수만

11초~3하

서식 북아메리카와 그린란드의 북극권, 북동 시베리아의 콜리마천 하류에서 번식하고, 북아메리카 동·서해 연안에서 월동한다. 국내는 희귀한 겨울철새로 불규칙적으로 찾아온다. 철원평야, 강화도, 금강 하구, 주남저수지, 우포늪, 서산 천수만 등지에서 월동 기록이 있지만 한국을 찾는 수는 10마리 안팎이다.

흰기러기와 큰기러기잡종 11월
충남 서산 ⓒ김신환

행동 큰기러기와 쇠기러기 무리에 섞여 월동한다.

특징 첫째날개깃의 검은색을 제외하고 전체가 흰색을 띤다. 다리와 부리는 핑크색이다.

어린새 전체가 회갈색이며 월동 중에 서서히 흰색깃이 증가한다. 부리와 다리도 회색 기운이 있다.

050 줄기러기

Anser indicus
Bar-headed Goose

오리과
L70~76cm

8월 28일 몽골 ⓒ서한수

3월

서식 바이칼호 남부에서 히말라야 북부의 몽골 고원지대에서 번식하고, 겨울에는 인도에서 월동하며, 일부는 미얀마에서도 월동한다. 국내는 2003년 3월 15일 한강 하구 곡릉천 초입에서 1개체가 관찰된 미조이다.

행동 작은 무리를 이루어 하구, 호수, 경작지에서 월동한다. 국내에서는 개리 무리에서 1마리가 확인되었다.

특징 다른 종과 혼동이 없다. 전체적으로 밝은 청회색을 띤다. 몸윗면의 깃 가장자리는 흰색을 띤다. 머리는 흰색이며 뒷머리에 검은색 줄무늬가 2열 있다. 옆목은 흰색 선이 길게 세로로 그어져 있다. 앞목은 윗부분이 특히 검고 아랫부분은 가슴과 거의 같은 색으로 밝게 보인다. 부리와 다리는 오렌지색을 띤 황색이다. 비상시에 첫째날개깃과 둘째날개깃이 검은색으로 보인다.

어린새 눈앞에서 부리기부까지 회색 줄무늬가 있다. 성조와 달리 뒷머리에 검은색 줄무늬가 없으며 뒷머리에서 뒷목 아래까지 균일한 어두운 회갈색이다. 앞목의 윗부분은 눈앞과 같은 회색. 다리와 부리는 성조보다 엷은 색.

장소	날짜
특이사항	

051 흑기러기

Branta bernicla
Brent Goose / Brant

L61cm

성조와 미성숙 개체(좌) 12월 경북 포항 ⓒ이종렬

10중~3하

천연기념물
325-2호

서식 유라시아대륙, 북아메리카, 그린란드의 북극권에서 번식하고, 한국, 일본, 중국, 북미 서부연안 등지에서 월동한다. 국내는 하구 또는 해안가에서 극소수가 월동한다.

행동 다른 기러기와는 달리 바닷가에서 서식하는 습성이 있다. 주로 파래 같은 해초와 줄 같은 수초를 먹으며, 먹이를 먹은 후 몸의 염분을 제거하기 위해 민물로 이동하여 목욕하는 경우도 있다.

특징 몸윗면은 전체적으로 검은색이다. 목은 짧고 굵으며, 큰 흰색 반점이 있다. 옆구리에 흰색 무늬가 뚜렷하고, 배가 다른 아종에 비해 검은색이 진하다.

어린새 전체적으로 엷은 색이다. 몸윗면의 깃가장자리가 흰색으로 줄무늬를 이룬다. 목의 흰색 반점이 희미하며, 겨울철에 점차 성조와 같이 진하게 바뀐다.

실태 천연기념물 325-2호.

아종 지리적으로 4아종(*bernicla, hrota, ngricans, orientalis*)으로 분류한다. 아종 *nigricans*(Black Brent)는 시베리아 극동부, 알래스카, 캐나다 서북부에서

오리과

번식하는 아종이며, 멱의 흰색 반점이 크고, 몸아랫면이 진하며 옆구리의 흰색 무늬가 뚜렷하다. 아종 *orientalis*(Pacific Brent)는 시베리아 동북부에서 서식하며, *nigricans*와 매우 비슷하다. 국내는 *nigricans*가 찾아오며 일부 *orientalis*도 찾아올 것으로 판단된다.

성조와 미성숙 개체 12월 경북 포항 ⓒ이종렬

1회 겨울깃 12월 21일 강원도 아야진

성조 1월 제주도 하도리

성조 1월 제주도 하도리

1회 겨울깃 2월 한강

장소	날짜
특이사항	

052 캐나다기러기

Branta hutchinsii
Cackling Goose

L65~70cm

B.h minima 3월 20일 경남 주남저수지 ⓒ 최종수

10하~3하

서식 알류샨열도, 알래스카, 캐나다, 북미대륙에서 번식하고, 북미대륙 남부에서 월동한다. 유럽, 뉴질랜드에 인위적으로 도입되어 도시 주변의 호수에서 흔히 서식한다. 한국은 2아종(*minima, leucopareia*) 이상이 확인되었다. 국내는 1992년 처음 확인된 이후 순천만, 서산 간월호, 철원, 주남저수지에서 확인되었다.

행동 국내에서는 쇠기러기, 큰기러기 무리에 섞여 월동하는 경우가 많으며, 다른 기러기류와 비슷한 행동을 한다.

특징 머리와 목이 검은색이며, 눈뒤에서 아래쪽으로 폭넓은 흰색 반점이 있다. 등은 흑갈색이며 깃가장자리가 엷은 갈색이다. 국내를 찾는 아종은 부리와 목이 다른 아종에 비해 짧다.

아종 *B. h. leucopareia* 알류샨열도의 제한된 지역에서 번식하고 북미 서부에서 월동한다. *minima*보다 약간 크다. 뺨의 흰색 반점의 폭이 다소 좁다. 아랫목과 가슴 사이에 흰색 무늬가 뚜렷하다. 생존 개체수가 대략 7,000개체 정도에 불과하다.

아종 *B. h. minima* 알래스카 서부의 제한된 지역에서 번식하고, 캘리포니아에

오리과

서 멕시코 북부에 이르는 지역에서 월동한다. 아종 중 가장 작으며, 소형종 중에 가장 어두운 색을 띤다. 부리가 짧다. 뺨의 흰색 반점이 *leucopareia*보다 크다. 몸이 *leucopareia*보다 작다. 아랫목과 가슴 사이에 흰색 무늬가 없는 경우가 많다.

실태 캐나다기러기는 아종에 따라 무늬가 조금씩 다르며, 크기 차이가 매우 큰 종(65~100cm)으로 과거 Canada Goose *B. canadensis* 단일 종으로 보았고 지리적 분포에 따라 11아종으로 나뉘었다. 그러나 최근 캐나다기러기를 새롭게 2종으로 분류하고 있다. 북미대륙의 내륙지역과 남쪽에서 번식하는 덩치 큰 종을 Canada Goose *B. canadensis*로 분류하고 이 종에 7아종을 포함하였다. 또한 북미대륙의 툰드라지역, 알류샨열도 등지에서 번식하는 소형종을 Cackling Goose로 분류한다.

아종 *leucopareia*(좌) 와 *taverneri* 12월 7일 충남 천수만 ⓒ김신환

12월 30일 경기도 파주 ⓒ양현숙

B. h. minima 3월 20일 경남 주남저수지 ⓒ최종수

장소	날짜
특이사항	

053 황오리

Tadorna ferruginea
Ruddy Shelduck   L57~63.5cm

성조 ♂(좌), ♀ 1월 3일 충남 천수만

10초~4하

서식 유라시아대륙의 중부에서 번식하고, 북아프리카, 남아시아, 중국, 한국, 일본에서 월동한다. 남부지방에서는 드물고 한강 하류, 김포평야, 서산 간월호, 금강 중류 등 제한된 곳에서 적은 수가 월동한다. 한국을 찾는 수는 2,000마리 안팎이다.

행동 수확이 끝난 논, 밭 등 다소 건조한 곳에서 풀줄기를 먹으며, 물 주변의 개방된 곳으로 이동하여 휴식한다.

특징 전체가 오렌지색으로 다른 종과 혼동이 없다. 머리부분은 색이 엷으며 부리와 다리는 검은색이다.

수컷 번식철에 목에 검은색의 띠가 선명하며, 겨울철에는 흐린 색으로 바뀐다. 비상시 날개덮깃이 흰색으로 보인다.

암컷 목에 검은 띠가 없다. 얼굴의 담황색이 진하며, 눈 주변의 흰색과 경계가 명확하다.

어린새 암컷과 매우 비슷하지만 몸윗면에 회갈색 기운이 있다.

오리과

성조 1월 경기도 김포

12월 금강

성조 ♂ 2월 한강

성조 ♀ 1월 3일 충남 천수만

12월 금강

12월 충남 천수만

장소	날짜
특이사항	

054 혹부리오리

Tadorna tadorna
Common Shelduck

L61cm

성조 ♂ 12월 28일 충남 천수만

11초~4중

서식 유럽 중부 연안부터 아시아 중앙부에서 번식하고, 유럽 남부, 북아프리카, 인도 북부, 중국 동부, 한국, 일본에서 월동한다. 낙동강, 서산 간월호, 금강 하구, 순천만 등지에서 큰 무리를 이루어 월동하는 흔한 겨울철새이다.
행동 주로 하구의 갯벌에서 부리를 펄에 대고 훑으며 갑각류, 해조류를 먹는다.
특징 다른 종과 혼동이 없다. 머리와 어깨깃에 녹색 광택이 있는 검은색이며, 가슴과 등에 등황색의 줄무늬가 있다. 붉은색 부리는 위로 굽은 형태이다.
수컷 부리기부에 혹이 뚜렷하다.
암컷 부리에 혹이 없으며, 부리기부 주변으로 흰색 얼룩이 있다. 가슴 띠가 가늘다.
수컷 변환깃 혹이 작으며, 얼굴에 흰색이 약하게 섞여 있다. 가슴의 등황색 띠의 경계가 불명확하다.
어린새 머리, 뒷목, 어깨는 흑갈색을 띠며, 가슴의 띠가 거의 없다. 비상시 둘째날개깃과 안쪽 첫째날개깃 끝이 흰색이다.

오리과

♀ 1월 3일 전남 흑산도

어린새 1월 26일 전남 목포

2월 충남 천수만

1월 충남 천수만

2월 충남 천수만

2월 12일 금강 하구

장소	날짜
특이사항	

055 원앙

Aix galericulata
Mandarin Duck
L42.5~45cm

성조 ♂(좌), ♀(우) 2월 24일 서울 창경궁

1초~12하
천연기념물 327호

서식 중국 동북부, 한국, 연해주, 사할린, 일본에서 번식한다. 겨울철새였으나 1960년대 이후 설악산과 무주 구천동 계곡에서 번식이 확인된 이후 오늘날 전국 각지의 산간 계류에서 번식한다.

행동 번식기에는 고목이 있는 산간 계류에서 생활하며, 겨울철에는 강, 바닷가, 저수지에 무리지어 찾아든다. 나무구멍에 둥지를 틀고 내부에 부드러운 깃털을 깐다. 부화한 새끼는 솜털이 마르자마자 둥지를 떠난다. 수서곤충, 연체동물, 작은 어류, 도토리를 먹는다. 알은 7~14개 낳으며, 포란기간은 28~30일이다.

특징 매우 복잡한 깃색으로 다른 종과 혼동이 없다.
수컷 셋째날개깃 1장이 은행잎모양의 특이한 형태이다. 부리는 붉은색이며 끝이 흰색이다.
수컷 변환깃 암컷과 같지만 부리가 붉은색을 띤다.
암컷 전체적으로 회갈색이다. 부리는 검은색이며 눈 주위와 그 뒤로 흰색 줄이 있다.

오리과

어린새 암컷보다 갈색이 강하다. 눈뒤의 흰색 무늬가 가늘고 짧다.
실태 천연기념물 327호.

성조 ♀ 2월 24일 창경궁

성조 ♂ 5월 경기도 분당

성조 ♂ 변환깃 8월 31일 하남시 미사리

성조 3월 9일 강원도 강촌

성조 ♀ 6월 경기도 광릉

장소	날짜
특이사항	

056 홍머리오리
Anas penelope
Eurasian Wigeon
L46~50cm

성조 ♂ 12월 경기도 탄천

10초~4하

서식 유라시아대륙의 북부에서 번식하고, 유라시아대륙의 온대에서 아한대 지역, 북아프리카에서 월동한다. 국내는 비교적 흔한 겨울철새이다.

행동 낮에는 호수 중앙이나 제방에서 휴식하거나 수면에서 식물의 종자, 풀줄기 등을 먹는다. 해안 근처에서 서식하는 개체는 해상으로 이동하여 해초류도 즐겨 먹는다.

특징 청회색 부리는 짧으며 끝부분이 검다. 비상시 배부분은 흰색으로 보인다.
수컷 이마에서 정수리까지 황백색이며, 얼굴과 목은 붉은색을 띠는 갈색이다. 앞가슴은 연한 회색을 띠는 핑크색이다. 비상시 윗날개덮깃에 큰 흰무늬가 선명하다. 눈뒤로 가는 녹색 눈선이 있는 개체도 있다.
암컷 개체에 따라 차이가 있으며, 연령 구별이 어렵다. 눈뒤 주변으로 적갈색이 짙어 약간 어둡게 보인다. 날개를 들어올렸을 때 몸아랫면의 옆구리와 가운데날개덮깃이 때문은 흰색 혹은 회백색을 띤다(옆구리의 깃축은 흑갈색이며, 깃에 흑갈색 얼룩이 있다). 일부 개체는 눈뒤로 폭좁은 녹색 줄무늬가 있다.
수컷 변환깃 전체적으로 적갈색이 진하고, 윗날개덮깃에 큰 흰무늬가 있다.

오리과

잡종 시베리아 동부의 번식지에서는 아메리카홍머리오리와 흔히 교잡하는 경우가 많다. 보통 교잡종의 수컷과 아메리카홍머리오리의 구별이 어렵다.

닮은종 아메리카홍머리오리 부리기부를 따라 폭좁은 검은 띠가 있다. 수컷은 이마에서 뒷머리까지 흰색이며, 눈 주위에서 뒷목까지 폭넓은 녹색 눈선이 있다. 눈앞, 턱밑, 목에 작은 흑갈색 반점이 흩어져 있다. 암컷의 머리와 목의 갈색이 홍머리오리보다 엷은 색으로 회흑색을 띤다.

♀ 1월 4일 충남 천수만

성조 ♂ 2월 1일 하남시 미사리

성조 ♂ 12월 14일 낙동강 하류

♀ 2월 제주도 하도리

장소	날짜
특이사항	

057 아메리카홍머리오리 *Anas americana*
American Wigeon

L48cm

성조 ♂ 1월 7일 낙동강 하구

12, 1, 2월

서식 북아메리카 북부에서 번식하고, 아메리카 중부, 멕시코, 서인도제도에서 월동한다. 국내는 제주도 성산포, 낙동강 등지의 해안가 호수, 하구에서 드물게 확인된 미조이다.

행동 매우 드물게 홍머리오리를 비롯하여 다른 오리류 무리에 섞여 월동한다.

특징 머리부분을 제외하고 홍머리오리와 매우 비슷하다. 부리기부를 따라 폭좁은 검은 띠가 있다(홍머리오리의 부리기부는 균일한 청회색).

수컷 이마에서 뒷머리까지 흰색이며, 눈 주위에서 뒷목까지 폭넓은 녹색 눈선이 있다(일부 홍머리오리 또한 눈뒤로 녹색 눈선이 있지만 폭이 좁고 짧다). 얼굴, 턱밑, 목에 작은 흑갈색 반점이 흩어져 있다. 부리기부에 폭좁은 검은 띠가 있다. 가슴과 옆구리는 거의 균일한 핑크빛 갈색이다.

암컷 홍머리오리 암컷과 매우 비슷하지만 전체적으로 엷은 색을 띤다. 특히 머리에서 목의 갈색 기운은 홍머리오리에 비해 엷은 색으로 회흑색을 띤다. 큰날개덮깃 기부가 흰색으로 비상시 흰색 줄무늬가 보인다. 날개를 들어올렸을 때 옆구리와 가운데날개덮깃은 흰색으로 보인다.

닮은종 홍머리오리 눈뒤로 녹색 눈선이 있는 개체는 아메리카홍머리오리와

오리과

혼동된다. 암컷은 전체적으로 엷은 색을 띠며, 머리와 목에 회흑색 기운이 있다. 날개를 들어올렸을 때 몸아랫면의 옆구리와 가운데날개덮깃이 때문은 흰색 혹은 회백색을 띤다.

성조 ♂ 1월 7일 낙동강 하구

성조 ♂ 1월 7일 낙동강 하구

성조 ♂ 1월 7일 낙동강 하구

홍머리오리 ♂ 1월 낙동강 하구

장소	날짜
특이사항	

058 청머리오리

Anas falcata
Falcated Duck

L47cm

성조 ♂ 2월 경기도 탄천

11초~4하

서식 시베리아 동부, 사할린, 캄차카반도, 북해도에서 번식하고, 한국, 일본, 중국 남부에서 월동한다. 하구, 내륙의 강, 호수 등지에서 서식하며, 작은 무리를 이루어 서산 천수만, 낙동강, 제주도 하도리 등지에서 겨울을 난다.
행동 낮에는 안전한 호수, 습지에서 작은 무리를 이루어 수서곤충, 수초 등을 먹거나 낮잠을 자며, 해질 무렵부터 농경지로 날아들어 먹이를 찾는다.
특징 매우 독특한 무늬로 다른 종과 혼동이 없다.
수컷 머리에 독특한 녹색과 적갈색 무늬가 있다. 셋째날개깃에 길게 늘어진 낫모양의 깃이 있다.
암컷 전체가 갈색이며 흑갈색 무늬가 있다. 얼굴과 목 윗부분에 회색 기운이 있다. 뒷머리 깃이 약간 돌출된다. 부리는 검은색이다. 큰날개덮깃 끝부분에 약간 넓은 회백색 무늬가 있다.
수컷 변환깃 암컷과 비슷하지만 몸윗면이 더 어두운 색을 띤다. 비상시 날개덮깃과 셋째날개깃이 회백색을 띤다.
어린새 암컷과 구별이 매우 어렵다.

오리과

성조 ♂(우), ♀ 1월 주남저수지 ⓒ최종수

♀ 1월 주남저수지 ⓒ최종수

성조 ♂ 2월 경기도 탄천

미성숙 ♂ 1월 8일 하남시 미사리

성조 ♂ 2월 경기도 탄천

1월 28일 낙동강 하류

장소	날짜
특이사항	

059 알락오리

Anas strepera
Gadwall

L51cm

성조 ♂ 1월 15일 강릉 남대천

10초~4중

서식 유라시아와 북아메리카의 아한대에서 번식하고, 유럽 남부, 북아프리카, 인도, 중국 동부, 한국, 일본에서 월동한다. 국내는 낙동강 하구, 서산 간월호, 한강, 제주도 하도리 등지에서 작은 무리가 월동하는 겨울철새이다.

행동 낮에는 수면에서 자맥질하여 물 속에서 자라는 수초를 먹거나 부리를 수면에 대고 수초, 식물의 종자 등을 먹는다. 해질녘에는 물고인 논 및 습지로 이동하여 식물의 종자 등을 먹는다.

특징 수컷은 다른 종과 혼동이 없다. 암컷은 청둥오리와 비슷하다.

수컷 전체적으로 회색이 강하며 회흑색의 반점이 흩어져 있다. 아랫목과 가슴에 알록달록한 어두운 무늬가 있다. 부리와 아래꼬리덮깃은 검은색이다. 보는 각도에 따라 눈아랫부분이 윗부분보다 밝게 보인다.

암컷 청둥오리 암컷과 비슷하지만 보다 작고, 몸안쪽의 둘째날개깃 익경이 흰색이다. 부리 등은 검은색이며, 바깥쪽은 오렌지색에 작은 검은색 반점이 흩어져 있다(검은 반점이 없는 개체도 있다). 비상시 배가 흰색으로 보인다.

수컷 변환깃 암컷과 비슷하지만 몸윗면에 회색깃이 섞여 있고, 셋째날개깃이 회색을 띤다.

오리과

어린새 암컷과 구별이 매우 어렵다. 몸아랫면이 더 진한 색이다. 얼굴에 회색 기운이 있으며, 아랫목과 경계가 비교적 명확하다.

성조 ♂ 12월 경기도 탄천

♀ 1월 낙동강 하구

♀ 2월 제주도 하도리

성조 ♂ 1월 15일 강릉 남대천

♀ 1월 15일 강릉 남대천

장소	날짜
특이사항	

060 청둥오리

Anas Platyrhynchos
Mallard ♂ L56~60cm ♀ L52~55cm

성조 ♂ 2월 24일 한강

10초~4하

서식 유라시아대륙과 북아메리카대륙의 한대·온대에 광범위하게 분포한다. 지리적으로 3아종으로 나뉜다. 국내는 가을 수확이 끝나갈 무렵부터 전국 각지에 찾아오는 매우 흔한 겨울철새이다. 최근에 한강, 동강, 충주호에서 소수가 번식하는 것이 확인되고 있다.

행동 낮에 채식하기도 하지만 대부분 물위, 모래톱, 제방 등지에서 무리지어 휴식을 취하고, 해가 지면 농경지, 습지 등지로 날아들어 낟알, 식물줄기 등을 먹는다. 6~12개의 알을 낳으며 포란기간은 28~29일이다.

특징 수컷은 다른 종과 혼동이 없다. 암컷은 알락오리와 비슷하다.

수컷 머리에 광택이 있는 어두운 녹색이다. 목에 가는 흰색 테두리가 있다. 부리는 황색이다. 비상시 둘째날개깃에 청색의 익경이 있으며 익경 양쪽에 흰색 선이 있다.

암컷 비슷한 다른 종보다 다소 크다. 전체가 갈색이며 흑갈색의 줄무늬가 흩어져 있다. 부리는 오렌지색이며 윗부리에 검은색 무늬가 있다.

수컷 변환깃 암컷과 비슷하지만 가슴의 적갈색이 진하다. 부리가 오렌지색이다.

오리과

어린새 암컷과 매우 비슷하지만 옆구리에 흑갈색 줄무늬가 강하다(성조 암컷은 줄무늬보다는 비늘무늬가 강하다).
닮은종 알락오리 청둥오리 암컷과 비슷하다. 크기가 작다. 몸안쪽의 둘째날개깃 익경이 흰색이다. 비상시 배가 흰색을 띤다.

♀ 11월 17일 한강 중랑천

성조 ♂ 1월 15일 한강 중랑천

♂ 변환깃 9월 경기도 탄천

1월 강원도 속초

12월 경기도 탄천

장소	날짜
특이사항	

061 흰뺨검둥오리

Anas poecilorhyncha
Spot-billed Duck ♂ L56~62cm ♀ L52~55cm

성조 ♂ 1월 경기도 탄천

1초~12하

서식 인도, 동아시아, 동남아시아, 대마도, 한국, 일본에 서식한다. 지리적으로 3아종으로 나뉜다. 국내는 1950년대까지 흔한 겨울철새였으나, 1960년대부터 번식하기 시작하여 현재는 전국의 강 주변 초지에서 흔히 번식하는 텃새로 자리잡았다.

행동 번식기에는 낮에도 활발히 움직이며 저수지, 하천, 논, 강에서 수초, 수서곤충 등을 먹는다. 둥지는 논이나 저수지 주변의 초지 또는 야산의 덤불 속에 오목하게 땅을 파고, 풀과 앞가슴 털을 뽑아 내부를 장식한다. 새끼는 태어나자마자 둥지를 떠나 어미의 보살핌을 받으며 먹이를 찾는다. 겨울철에는 무리를 이루어 생활하며 낮에는 호수, 저수지, 강에서 휴식하다가 저녁 무렵부터 식물의 종자, 풀줄기, 낟알 등을 찾아 농경지로 이동한다. 알은 7~12개 낳으며 포란기간은 26일 정도이다.

특징 전체가 암갈색이며, 암수 비슷한 색을 띤다. 얼굴은 누런색을 띠는 흰색이며, 긴 검은 눈선 아래로 흐린 검은 줄무늬가 있다. 부리는 검은

오리과

색이며 끝이 노란색을 띤다. 익경은 청색이다. 셋째날개깃 가장자리를 따라 흰색을 띤다.
수컷 위꼬리덮깃과 아래꼬리덮깃의 검은색이 강하다.
암컷 수컷과 구별하기 힘들다. 꼬리덮깃이 수컷보다 옅은 색을 띤다.

성조 12월 경기도 탄천

성조 6월 8일 서울 길동 생태공원

성조와 새끼 6월 하남시 미사리

성조 3월 16일 전남 목포

새끼 6월 하남시 미사리

장소	날짜
특이사항	

062 고방오리

Anas acuta
Northern Pintail

♂ L75cm ♀ L56cm

성조 ♂ 1월 11일 한강 중랑천

10초~4하

서식 유라시아대륙 북부, 북아메리카에서 번식하고, 겨울에는 유라시아대륙과 북아메리카의 온대에서 열대, 북아프리카에서 월동한다. 지리적으로 3아종 또는 단일종으로 보기도 한다. 국내는 흔한 겨울철새이다.

행동 종종 큰 무리를 이룬다. 자맥질하여 수중의 수초 및 식물의 종자를 먹으며, 종종 해안으로 이동하여 먹이를 찾는다.

특징 꼬리가 길고, 목이 길고 가늘다. 다른 종과 혼동이 없다.

수컷 머리와 목이 초콜릿색이며, 목아래와 가슴은 흰색이다. 옆목은 초콜릿색 세로줄무늬가 있다. 가운데꼬리깃은 검은색으로 바늘처럼 길고 뾰족하게 위로 치솟아 있다.

암컷 다른 오리류 암컷에 비해 꼬리가 길다. 부리는 균일한 진한 회색이다.

수컷 변환깃 부리는 회색과 검은색을 띤다. 몸윗면은 다소 단조로운 색이며, 회색 기운이 있다.

오리과

♀ 1월 경기도 탄천

♀(좌), ♂ 1월 4일 한강 중랑천

♂ 변환깃 10월 7일 전남 흑산도

성조 ♂ 1월 11일 한강 중랑천

성조 ♂ 2월 14일 한강 중랑천

12월 충남 천수만

장소	날짜
특이사항	

063 넓적부리

Anas clypeata
Northern Shoveler

L50cm

성조 ♂ 12월 19일 한강 중랑천

10초~4하

서식 유라시아대륙 북부와 북아메리카 북부에서 번식하고, 유럽 남부, 북아프리카, 인도, 동남아시아, 중국 남부, 북아메리카 남부에서 월동한다. 전국의 하구, 호수, 늪, 저수지 등 내륙 습지에서 월동하지만 개체수가 많지 않다.
행동 작은 무리를 이루어 행동한다. 수면에서 뱅글뱅글 원을 그리며 돌면서 파장을 일으킨 후 물위에 떠오른 수초, 수서곤충, 플랑크톤 등을 넓적한 부리를 좌우로 움직여 잡아먹는 특이한 먹이 행동을 한다.
특징 넓적하고 긴 부리가 특징적이다.
수컷 머리는 어두운 녹색 광택이 있으며 배에 적갈색의 무늬가 있다.
암컷 부리는 엷은 오렌지색을 띠는 검은색이며 매우 크고 길다. 전체적으로 갈색을 띠고 있어 청둥오리 암컷과 비슷한 색이다. 비상시 몸아랫면이 전체적으로 어둡게 보이며, 청둥오리와 달리 둘째날개깃 끝을 따라 흰색 띠가 없다. 홍채는 갈색이며 종종 흐린 노란색을 띤다.
수컷 변환깃 암컷과 비슷하지만 옆구리와 배에 적갈색 기운이 강하다. 머리는 흑갈색으로 암컷보다 진하다(눈앞으로 흰색 무늬가 있는 경우도 있다). 홍채는 노란색이다.

오리과

어린새 성조 암컷과 비슷하지만 정수리와 뒷목이 더 어두운 색이다. 배가 성조보다 흐리다.

♀ 11월 17일 한강 중랑천

♀ 11월 17일 한강 중랑천

♂ 변환깃 12월 19일 한강 중랑천

12월 경기도 탄천

장소	날짜
특이사항	

064 가창오리

Anas formosa
Baikal Teal

L40~44cm

성조 ♂ 3월 15일 금강

9하~3하

서식 예니세이강에서 시베리아 동부까지 번식하고, 겨울에는 한국, 일본, 중국에서 월동한다. 작은 연못과 호소지역, 강가 버드나무 자생지의 초지, 하구에서 번식하고, 월동무리의 대부분이 한국을 찾아온다.

행동 9월 하순에 찾아와 낮에는 호수에서 무리지어 휴식을 취하며 해가 지면서 농경지로 날아들어 떨어진 벼 낟알을 섭취한다. 호수가 결빙되면 여러 무리로 갈라져 천수만, 해남 고천암, 금강 하류, 영산호, 아산만, 삽교호 등지로 이동한다.

특징 다른 종과 혼동이 없다.

수컷 얼굴은 연노랑, 녹색, 검은색으로 태극모양을 띤다. 몸윗면은 갈색이며 어깨에 가늘고 긴 흑갈색 깃이 늘어져 있다.

암컷 쇠오리, 발구지 암컷과 비슷하다. 머리에서 뒷목까지 흑갈색이다. 부리 기부에 흰색 반점이 있으며, 눈아래로 흰색 세로줄이 멱까지 다다른다. 검은 눈선은 눈뒤쪽에만 있다.

수컷 변환깃 암컷과 비슷하지만 몸윗면, 가슴, 옆구리가 더 진한 갈색이다. 눈 앞의 흰색 반점이 덜 명확하다.

오리과

어린새 암컷과 매우 비슷하다. 갈색이 보다 많고 둔탁한 색을 띤다. 눈앞의 흰색 반점이 보다 명확하다.

실태 국제자연보전연맹의 적색자료목록에 취약종(VU)으로 분류되어 있는 국제보호조이다. 서산 천수만 일대, 아산호, 삽교호, 금강, 논산저수지, 영산호를 이동하면서 월동하고 있다. 최근 월동 수는 약 200,000~400,000만 개체 이상이 확인되고 있다.

♀ 11월 27일 충남 천수만 ⓒ곽호경

3월 15일 금강

12월 26일 금강

12월 금강

12월 26일 금강

장소	날짜
특이사항	

065 쇠오리

Anas crecca
Common Teal

L37.5cm

성조 ♂ 1월 경기도 탄천

9초~4하

서식 유라시아대륙 북부에서 번식하고, 겨울에는 유럽 남부, 북아프리카, 중동, 남아시아에서 동아시아까지 월동한다. 지리적으로 3아종으로 나눈다. 국내는 전국 각지의 습지에서 월동하는 매우 흔한 겨울철새이다.

행동 주로 낮에는 안전한 하천, 호수 등지에서 휴식을 취하거나 먹이를 먹으며 저녁녘에 먹이를 찾아 농경지로 이동한다. 소형의 오리로서 가장 작다. 가창오리처럼 무리를 형성하여 불규칙한 비행으로 빠르게 난다.

특징 수컷은 다른 종과 혼동이 없으며 암컷은 가창오리와 비슷하다.

수컷 머리는 밤색이며 얼굴앞에서 눈뒤로 녹색의 줄무늬가 있다. 등과 배에 흰색과 검은색의 가는 줄무늬가 많다. 아래꼬리덮깃 양쪽으로 노란색이다.

암컷 전체가 어두운 갈색에 검은색 반점이 있다. 부리는 검은색이며 기부가 연한 오렌지색 바탕에 작은 검은 반점이 흩어져 있다. 비상시 큰날개덮깃 끝에 흰색 줄무늬가 보인다.

수컷 변환깃 암컷과 비슷하지만 옆구리 뒤쪽으로 검은색과 흰색 줄무늬가 수컷과 같은 형태를 띤다. 부리는 검은색이다.

어린새 성조 암컷과 매우 비슷하지만 보다 어두운 색을 띤다. 기부가 오렌지

오리과

색이다. 몸아랫면은 비늘무늬보다는 큰 흑갈색 반점으로 보인다. 비상시 큰날개덮깃 끝의 흰색 줄무늬는 몸안쪽과 몸바깥쪽의 폭이 같다.

아종 아메리카쇠오리 Green-winged Teal *Anas (crecca) carolinensis*(북미대륙 북부). 대전 갑천(1979년 1월, 1982년 11월)과 경북 상주(2008년 2월)에서 관찰된 기록이 있는 미조이다. 쇠오리와 매우 비슷하지만 옆구리에 흰색 세로줄무늬가 있다.

♀ 1월 12일 전남 목포

♂ 변환깃 10월 24일 전남 흑산도

2월 경기도 탄천

2월 경기도 탄천

장소	날짜
특이사항	

066 발구지

Anas querquedula
Garganey
L38cm

성조 ♂(뒤), ♀ 3월 하남시 미사리

4초~5하
9초~9하

서식 유라시아대륙의 북부와 중부에서 번식하고, 아프리카, 인도, 동남아시아에서 월동한다. 국내는 내륙의 호수, 하천, 해안 습지 등지에서 서식하는 매우 드문 나그네새이며, 극히 일부가 월동한다.

행동 낮에는 부리를 수면에 대고 물에 떠 있는 식물질, 수서곤충 등을 먹으며, 밤에는 논과 습지로 이동하여 벼과 식물의 종자를 먹는다.

특징 쇠오리보다 크다. 비상시 첫째날개깃이 흐리게 보인다.

수컷 흰색 눈썹선이 뚜렷하다. 가을 이동시기에 수컷의 변환깃은 쇠오리와 비슷하지만 날개덮깃이 흐린 회색이다.

암컷 쇠오리 암컷과 비슷하지만 부리가 회흑색이며 보다 길다(기부에 오렌지색이 없다). 턱밑과 멱이 누런 흰색이다. 검은 눈선 아래위로 때문은 흰색 선이 있다. 부리기부에 흰색 반점이 있다. 비상시 배는 뚜렷한 흰색이다.

어린새 암컷과 비슷하지만 보다 어둡고 얼굴의 무늬가 다소 불명확하다. 비상시 배에 때문은 흰색의 갈색 줄무늬가 있다(성조는 뚜렷한 흰색).

닮은종 쇠오리 부리가 짧다. 암컷의 부리는 검은색 또는 기부에 연한 오렌지색을 띠며, 작은 검은 반점이 흩어져 있다.

오리과

가창오리 암컷의 부리기부쪽 얼굴에 흰색 반점이 있으며, 눈아래로 흰색 세로줄이 멱까지 다다른다. 검은 눈선은 눈뒤쪽에만 있다.

♀ 9월 13일 전남 영암

♀ 9월 24일 전남 흑산도

3월 하남시 미사리

3월 하남시 미사리

장소	날짜
특이사항	

067 붉은부리흰죽지

Netta rufina
Red-crested Pochard

오리과
L52~57cm

성조 ♂ 3월 1일 한강 중랑천 ⓒ김신환

11초~3하

서식 유럽에서 중앙아시아까지 번식하고, 지중해 연안, 북아프리카, 페르시아 연안에서 인도까지 월동한다. 1998년 1월 20일 한강에서 수컷 1개체가 관찰된 이후, 주남저수지, 형산강, 금강, 한강에서 확인되었다.

성조 ♂ 3월 한강 중랑천

행동 호수나 하천에서 생활하며 바닷가로 나가는 경우는 드물다. 보통 월동지에서 무리를 지어 생활한다. 잠수하여 수초를 먹는다.

특징 비상시 날개위에 폭넓은 흰색 무늬가 보인다.

수컷 머리는 오렌지색을 띠는 적갈색(정수리부분이 가장 밝다)이다. 부리는 붉은색이며, 목에서 가슴까지 검은색이다. 등은 회갈색이며 꼬리덮깃은 검은색이다.

암컷 전체적으로 흐린 갈색을 띤다. 머리는 등보다 진한 갈색이며, 눈아래의 뺨, 턱밑, 먹이 때문은 흰색이다. 부리는 검은색이며 끝부분이 엷은 붉은색이다. 홍채는 수컷보다 어둡다.

068 흰죽지

Aythya ferina
Common Pochard

오리과
L45cm

♀(좌), ♂ 1월 21일 한강

10초~3하

서식 유럽 동부에서 바이칼호 주변까지 번식한다. 겨울에는 유럽, 북아프리카, 인도, 중국 동부, 한국, 일본에서 월동한다. 전국적으로 흔한 겨울철새이다.

행동 잠수하여 갑각류 등을 먹거나 식물의 줄기, 뿌리, 수초 등을 먹는다.

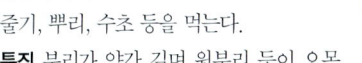

2월 하남시 미사리

특징 부리가 약간 길며 윗부리 등이 오목한 형태이다. 비상시 불명확한 회백색 날개선이 있다.

수컷 머리와 목은 적갈색이다. 가슴, 위·아래꼬리덮깃은 검은색이다. 부리는 검은색이며 중심부가 청회색이다. 홍채는 붉은색이다.

암컷 홍채는 갈색. 눈테는 흰색. 눈아래쪽으로 흰색 얼룩이 있으며, 눈뒤쪽으로 흐린 흰줄무늬가 있다. 부리는 검은색이며 중심부가 엷은 청회색이지만 일부 개체는 균일한 검은색이다. 머리에서 목까지 엷은 갈색이며 가슴은 어두운 갈색이다.

069 붉은가슴흰죽지 *Aythya baeri* / Baer's Pochard

오리과 L45cm

성조 ♂(우) 1월 경기도 탄천

10초~3하

서식 아무르, 우수리, 중국 동북부에서 번식하고, 타이, 중국 동남부, 아삼, 미얀마에서 월동한다. 국내는 드문 겨울철새이다.

행동 흰죽지 또는 댕기흰죽지 무리에 섞여 월동하는 경우가 많다. 수면채식과 잠수채식을 함께하며 수초, 풀뿌리, 식물의 종자 등을 먹으며, 종종 어패류도 먹는다.

성조 ♂ 1월 경기도 탄천

특징 검은흰죽지와 비슷하지만 배의 폭넓은 흰색은 옆구리 앞쪽까지 다다른다. 비상시 날개의 흰색은 첫째날개깃 끝까지 닿지 않는다.

수컷 머리에서 목까지 녹색 광택이 있는 검은색. 홍채는 흰색. 가슴은 적갈색. 옆구리는 갈색이며, 옆구리 앞쪽으로 흰색을 띤다. 아래꼬리덮깃은 흰색이다.

암컷 머리와 윗목은 어두운 갈색이다. 눈앞쪽으로 적갈색의 불명확한 반점이 있다. 홍채는 갈색이며 옆구리 앞쪽의 흰색 무늬는 수컷보다 작다.

실태 국제자연보전연맹의 적색자료목록에 취약종(VU)으로 분류되어 있는 국제보호조이다.

070 검은흰죽지

Aythya nyroca
Ferruginous Duck

오리과
L41cm

성조 ♂ 1월 4일 경기도 남양주 ⓒ곽호경

11, 12,
1, 2월

서식 동부유럽에서 중동, 티베트 일대에서 번식하고, 북아프리카, 나일강유역, 이란, 북인도, 미얀마 등지에서 월동한다. 국내는 2002년 2월 2일 주남저수지에서 처음 관찰된 이후 금강, 한강 등지에서 관찰되었다.
행동 하구, 저수지, 호수 등지에서 생활한다. 잠수하여 수초, 조개류를 먹는다.

1월 12일 경기도 남양주

특징 비상시 날개의 흰줄무늬가 외측 첫째날개깃까지 닿는다. 몸아랫면은 배 중앙부와 아래꼬리덮깃이 흰색이다.
수컷 머리, 가슴, 배는 어두운 적갈색이며 몸윗면은 흑갈색, 홍채는 흰색이다.
암컷 홍채가 검은색이다. 머리와 몸아랫면은 거의 균일한 갈색이다. 아래꼬리덮깃에 흰색을 띠는 댕기흰죽지와 비슷하지만 흰색 반점과 갈색 배의 경계가 명확하다.

장소	날짜
특이사항	

071 검은머리흰죽지 *Aythya marila* Greater Scaup

L45cm

성조 ♂, ♀(뒤쪽) 1월 21일 강원도 청초호

10초~3하

서식 유라시아대륙 북부, 북아메리카 북부에서 번식하고, 유럽, 카스피해, 페르시아만, 우수리, 중국 동북부, 한국, 일본, 북아메리카 서해안과 동해안에서 월동한다. 지리적으로 2아종으로 나뉜다. 국내는 드문 겨울철새이다.

행동 낮에는 해안 근처의 호수, 하구 등에서 무리를 이루어 휴식을 취하고, 해가 지면 바다로 이동하여 잠수하여 먹이를 찾는다. 조개류와 갑각류를 좋아하고 해초류도 먹는다.

특징 댕기흰죽지와 비슷하지만 머리가 크다. 부리는 청회색이며 끝은 검은색이다. 홍채는 노란색이다.

수컷 머리와 목, 가슴은 녹색 광택이 있는 검은색이다(광선에 따라 자주색으로도 보인다). 몸윗면은 흰색에 물결모양의 가는 검은색 줄무늬가 있다.

암컷 머리와 가슴은 흑갈색이다. 얼굴앞에 흰색 반점이 부리기부를 휘감는다(일부 댕기흰죽지 암컷 또한 흰색 반점이 있지만 흰색 폭이 좁다). 옆구리와 등은 회갈색이며, 가는 흰색 줄무늬가 있다. 부리는 수컷보다 어두운 색이다.

어린새 얼굴앞의 흰색 반점이 성조보다 가늘고, 뺨에 흐린 반달모양의 반점이 있다. 옆구리와 몸윗면에 비늘무늬가 없다.

오리과

닮은종 Lesser Scaup *Aythya affinis* 정수리 뒤쪽이 돌출된 머리 형태. 부리끝의 검은 반점이 매우 작다. 비상시 첫째날개깃이 검게 보인다.

성조 ♀ 10월 31일 강원도 경포호

♂ 변환깃 1월 27일 강원도 강릉

성조 ♂ 2월 4일 낙동강 하구

1회 겨울깃 ♂ 2월 10일 강원도 청초호

1월 20일 강원도 청초호

장소	날짜
특이사항	

072 댕기흰죽지

Aythya fuligula
Tufted Duck

L40cm

성조 ♂ 2월 한강

10초~4종

서식 유라시아대륙 북부에서 번식하고, 유럽, 북아프리카, 인도, 동남아시아, 중국 동부, 한국, 일본에서 월동한다. 국내는 많은 수가 월동한다.

행동 호수, 하구, 항구 등지에서 작은 무리를 이루어 행동한다. 잠수하여 새우, 게 같은 갑각류, 수서곤충, 그리고 수초 등을 먹는다.

특징 암수 모두 뒷머리에 댕기가 있다(수컷이 길다). 홍채는 노란색이다. 부리는 청회색이며, 부리끝을 따라 다소 넓은 검은색을 띤다. 비상시 검은색 날개에 폭넓은 흰색 줄무늬가 보인다.

수컷 가슴과 등은 검은색이며, 머리는 자주색 광택이 있는 검은색이다. 옆구리와 배는 흰색이다.

암컷 전체적으로 균일한 어두운 갈색이며 옆구리와 배는 엷은 갈색이다. 뒷머리에 짧은 댕기가 있다. 아래꼬리덮깃이 흰색인 개체도 있다. 일부 개체는 얼굴앞에 흰색 반점이 있어 검은머리흰죽지와 혼동하기 쉽지만 뒷머리에 짧은 댕기가 있으며 등이 균일한 색이다.

수컷 변환깃 댕기가 짧으며 옆구리에 갈색 기운이 강하다.

어린새 암컷과 비슷하지만 머리와 몸윗면은 엷은 갈색이다. 눈앞쪽으로 불확

오리과

실한 흰색 얼룩이 있으며, 뒷머리가 약간 돌출된 정도이다.

닮은종 검은머리흰죽지 몸이 약간 더 크다. 특히 머리와 부리가 크다. 등은 회색의 가는 줄무늬가 있는 듯하다. 머리에 댕기가 없으며 녹색 광택이 있다. 암컷은 부리기부의 흰색 반점이 크고 명확하며, 부리끝의 검은 반점이 매우 작다.

♀ 1월 15일 하남시 미사리

1월 22일 강원도 청초호

성조 ♂ 2월 경기도 양수리

♀ 2월 10일 강원도 청초호

12월 18일 하남시 미사리

장소	날짜
특이사항	

073 흰줄박이오리

Histrionicus histrionicus
Harlequin Duck
L43cm

성조 ♀(좌), ♂ 2월 강원도 속초

10초~3하

서식 시베리아 동부, 캄차카, 알래스카에서 북아메리카 서북부해안, 쿠릴열도 북부, 그린란드 남부, 아이슬란드, 아메리카 동북 연안에서 번식하고, 겨울에는 번식지 약간 아래지역에서 월동한다. 국내는 먼바다에서 드물게 월동하는 겨울철새이다.

행동 10월 초에 찾아오며 동해 연안의 암석이 많은 곳에서 작은 무리를 이룬다. 잠수하여 주로 갑각류와 조개류를 잡아먹으며, 해안 암벽에 올라가 휴식한다.

특징 매우 독특한 깃을 가지고 있어 다른 종과 혼동이 없다.

수컷 머리에서 배까지 광택이 있는 청색이며 흰색 무늬가 다양한 형태를 이룬다. 옆구리는 적갈색이다.

암컷 전체적으로 회흑갈색이다. 귀깃과 눈앞에 큰 흰색 반점이 있다.

1회 겨울깃 수컷 얼굴의 무늬는 수컷 번식깃과 비슷하며, 나머지 부분은 암컷 깃과 비슷하다. 가슴옆에 흰색의 세로줄무늬가 있으며 옆구리에 적갈색깃이 약하다. 배는 암컷과 비슷하여 흰색 바탕에 갈색 줄무늬가 조밀하다.

오리과

♂ 2월 강원도 속초

성조 ♀(좌), ♂ 2월 강원도 속초

♂ 2월 강원도 속초

2월 18일 전남 홍도

1회 겨울깃 ♂ 1월 3일 전남 홍도

2월 강원도 속초

장소	날짜
특이사항	

074 바다꿩

Clangula hyemalis
Long-tailed Duck

♂ L60cm ♀ L38cm

성조 ♂ 겨울깃 3월 1일 일본 북해도

11초~3하

서식 유라시아대륙 북부, 북아메리카 북부, 그린란드에서 번식하고, 영국과 북해 연안, 캄차카반도에서 중국 동북부 연안, 알류샨열도에서 북미 서해안, 북미 동해안 북부에서 월동한다. 국내는 매우 드문 겨울철새이다.

행동 작은 무리를 이룬다. 주로 동해의 먼바다에서 월동하며 드물게 앞바다까지 오지만 월동 개체수는 드물다. 잠수하여 조개류와 갑각류를 먹는다.

특징 수컷은 가운데꼬리깃이 길며, 독특한 깃을 가져 다른 종과 혼동이 없다. 연간 3회의 깃털갈이를 하여 계절에 따라 다양한 깃형태를 띤다. 특히 얼굴, 목, 등의 무늬가 개체에 따라 다르다.

수컷 겨울깃 머리, 목, 어깨깃, 배가 흰색이며 귀깃, 등, 날개덮깃이 흑갈색으로 전체적으로 흰색과 흑갈색이 뚜렷하다. 가운데꼬리깃이 길게 돌출되어 있다. 부리는 검은색이며 중앙부가 핑크색이다.

암컷 겨울깃 머리위와 뺨이 흑갈색이며 얼굴은 흰색이다. 가슴과 등은 흑갈색이며 배는 흰색이다. 부리는 검은색을 띤다.

암컷 여름깃 겨울깃과 비슷하지만 얼굴, 멱, 뒷목이 흐린 갈색을 띠어 흰색부분이 매우 좁다.

오리과

어린새 암컷 겨울깃과 비슷하지만 얼굴, 목 부분의 흰색부분에 흑갈색이 스며든 형태로, 뺨의 반점, 목과 가슴의 경계가 불명확하게 보인다. 정수리와 몸윗면이 엷은 색이다.

1회 겨울깃 수컷 성조 겨울깃과 비슷하지만 몸윗면(어깨)의 흰색은 매우 흐리며, 흑갈색과의 경계가 불명확하게 보인다. 중앙꼬리깃이 짧다. 부리중앙부는 성조와 같은 핑크색이다.

성조 ♂ 겨울깃 3월 1일 일본 북해도

♀ 겨울깃 3월 1일 일본 북해도

성조 ♂ 여름깃 러시아 캄차카

성조 ♀ 여름깃 러시아 캄차카

장소	날짜
특이사항	

075 검둥오리

Melanitta (nigra) americana
Black Scoter

L48cm

성조 ♂ 2월 강원도 속초

10초~4중

서식 유라시아대륙 북부, 알래스카 서부, 아이슬란드, 뉴펀들랜드 섬에서 번식하고, 유럽 연안, 아프리카 북서부 연안, 캄차카, 일본, 한국, 중국, 북미 서해안과 동해안에서 월동한다. 국내는 동해안에서 적은 수가 관찰되는 겨울철새이다.

행동 먼바다, 연안, 항구에서 무리를 이루어 월동한다. 한 마리가 잠수하면 나머지 개체가 차례로 따라 들어가 조개류와 갑각류 등을 먹는다.

특징 날개를 포함하여 전체적으로 검은색을 띤다. 첫째날개깃이 연한 색을 띠어 비상시 다소 밝게 보인다.

수컷 전체가 검은색이다. 부리는 검은색이며, 윗부리기부에서부터 폭넓은 노란색으로 혹처럼 부풀어 올라와 있다.

암컷 전체가 흑갈색이다. 뺨, 옆목, 멱이 때문은 흰색이다. 간혹 눈아래와 부리앞쪽으로 갈색 줄무늬가 있는 경우도 있다.

어린새 성조 암컷과 비슷하지만 배가 때문은 흰색이다. 성조보다 갈색이 강하다.

1회 겨울깃 수컷 성조와 비슷한 색을 띠지만, 배가 흰색을 띠며, 날개깃이 전

오리과

체적으로 색바랜 흑갈색이다. 뺨에 때문은 흰색을 띠는 경우도 있다.

실태 과거에 검둥오리 *M. nigra*는 2아종 (*nigra, americana*)으로 나누었다. 그러나 최근에 부리 형태 및 수컷의 구애 울음소리가 서로 달라 독립된 2종으로 분류하고 있다. 시베리아 동북부에서 알래스카 서부와 캐나다까지 분포하는 종 Black Scoter *M. americana*는 유럽에서 시베리아 중북부까지 분포하는 Common Scoter *M. nigra*보다 부리의 노란색 혹이 매우 크다. 암컷은 구별이 매우 어렵다.

♀ 12월 강원도 속초

♀(좌), ♂ 2월 강원도 속초

성조 ♂(좌), ♀ 12월 강원도 속초

2월 강원도 속초

장소	날짜
특이사항	

076 검둥오리사촌
Melanitta deglandi
White-winged Scoter
L56cm

↑ 1월 26일 강원도 강릉

10초~4중

서식 유라시아대륙 북부, 북아메리카 북부에서 번식하고, 유럽 연안, 캄차카에서 중국 연안, 북미 서해안과 동해안에서 월동한다. 국내는 동·남해안에서 적은 수가 월동한다.

행동 잠수하여 조개류와 갑각류를 먹는다. 종종 검둥오리와 섞여 먹이를 찾는 경우도 있다.

특징 암수 모두 둘째날개깃은 흰색으로 날아갈 때 흰색이 명확히 보인다(물에 떠 있을 때 보이지 않는 경우도 있다).

수컷 전체적으로 검은색이며 눈아래에 초승달모양의 흰색 반점이 있다(먼거리에서 확인하기 어렵다). 부리는 붉은색이며 윗부리기부는 검은색으로 혹처럼 돌출되어 있다.

암컷 전체가 흑갈색이며 얼굴앞에 큰 흰색 반점이 퍼져 있으며, 귀덮깃에 작은 흰색 반점이 있다(얼굴의 흰색 반점이 매우 흐려 거의 보이지 않는 개체도 있다).

어린새 성조 암컷과 비슷하지만 배가 때문은 흰색이다. 얼굴의 흰색 반점이 암컷 번식깃보다 더 명확하다.

오리과

실태 검둥오리사촌 *M. fusca*는 과거 3아종(스칸디나비아반도에서 동쪽으로 예니세이강과 시베리아 중부까지 분포하는 아종 *fusca*, 예니세이강에서 동쪽으로 캄차카반도와 남쪽으로 몽골까지 분포하는 아종 *stejnegeri*, 알래스카와 캐나다에 분포하는 아종 *deglandi*)으로 나누었다. 그러나 최근에 독립된 2종 Velvet Scoter *M. fusca*와 White-winged Scoter *M. deglandi*로 분리하며, *M. deglandi*에 2아종(*deglandi*, *stejnegeri*)을 포함시키고 있다. 아종에 따라 수컷의 부리 형태와 색 등이 다르다. 아종 *stejnegeri*는 부리색이 진한 오렌지색을 띠며, 부리기부의 혹이 크다.

♀ 10월 23일 강원도 경포호

성조 ♂ 1월 낙동강

1월 낙동강

1월 낙동강 ⓒ김수만

장소	날짜
특이사항	

077 흰뺨오리

Bucephala clangula
Common Goldeneye

L45cm

성조 ♂ 1월 9일 하남시 미사리

10중~3하

서식 유라시아대륙과 북미대륙 북부에서 번식하고, 유럽, 페르시아만, 캄차카에서 중국 동부, 한국, 일본, 알래스카에서 미국 중부에 월동한다. 지리적으로 2아종으로 나뉘지만 아종간 구별이 어렵다. 국내는 드문 겨울철새이다.

행동 주로 하구, 호수, 하천 등지에서 월동한다. 작은 무리 또는 몇 마리가 거리를 두고 행동하며, 잠수하여 갑각류, 연체동물, 어류, 수초 등을 먹는다.

특징 몸에 비해 머리가 큰 느낌이다. 북방흰뺨오리와 달리 이마의 경사가 심하지 않다.

수컷 머리는 녹색 광택이 있는 검은색이며 등은 검다. 홍채는 노란색이다. 눈앞에 둥근 흰색 반점이 있다. 비상시 첫째날개깃은 검은색이며, 둘째날개깃과 날개덮깃의 대부분이 흰색으로 보인다.

암컷 머리는 암갈색이며 아랫목은 흰색이다. 부리는 검은색이며 끝부분에 엷은 노란색을 띤다. 비상시 날개는 수컷과 비슷하지만 날개덮깃 끝에 가는 검은색 줄무늬가 2열 있다.

수컷 변환깃 머리는 암컷과 비슷하지만 보다 어둡고, 눈앞에 흰색 반점이 여름깃보다 약간 작다. 비상시 날개는 수컷 번식깃과 같은 형태이다. 부리는 검은색이다.

어린새 암컷과 비슷하지만 갈색이 보다 많고, 흰색이 약하다. 부리가 완전히 검은색을 띤다. 수컷은 겨울철에 눈앞의 둥근 흰색 반점이 나타나기 시작한다.

닮은종 북방흰뺨오리 흰뺨오리보다 약간 크다. 이마가 가파른 형태를 띠어 머리앞쪽이 가장 높다. 수컷의 머리는 광택이 있는 자주색이며, 부리뒤의 흰색 반점은 물방울 모양으로 눈위까지 길게 이어진다. 암컷은 부리 전체가 노란색이다.

성조 ♀(좌), ♂ 2월 10일 강원도 청초호

♂ 변환깃 1월 3일 강원도 속초

성조 ♀ 2월 강원도 화진포

성조 ♂ 2월 강원도 화진포

장소	날짜
특이사항	

078 흰비오리

Mergus albellus
Smew

L42cm

성조 ♂ 12월 27일 강릉 남대천

10중~3하

서식 유라시아대륙의 아한대에서 번식하고 유럽, 카스피해, 인도 북부, 중국 동부, 한국, 일본에서 월동한다. 국내는 비교적 흔한 겨울철새이다.

행동 전국의 호수, 하천, 하구 등지에서 생활하며 잠수하여 어류, 조개류, 갑각류 등을 먹는다. 보통 작은 무리가 거리를 유지하며 먹이를 찾는다.

특징 소형의 잠수성 오리류이며, 다른 종과 혼동이 없다.

수컷 전체적으로 흰색이며 눈앞과 뒷머리, 등이 검은색이다. 검은색 부리는 짧고 폭이 넓다.

암컷 전체적으로 회갈색을 띠며, 머리에서 뒷목까지 적갈색이다. 턱밑에서 목 옆까지 흰색으로 뒷목의 적갈색과 경계가 명확하다.

수컷 변환깃 성조와 달리 머리는 전체적으로 암컷과 비슷한 적갈색이며 이마를 포함하여 머리부분에 흰색 깃이 섞여 있다. 몸깃은 성조보다 흰색부분이 더 적고 갈색이 섞여 있는 형태이다.

어린새 성조 암컷과 매우 비슷하여 구별하기 힘들다. 배중앙부는 흰색 바탕에 회색이 섞여 있다. 늦겨울부터 성조와 같은 형태로 바뀐다.

오리과

1월 15일 강원도 경포호

♀ 12월 강원도 경포호

성조 ♂. 2월 9일 강원도 청초호

1회 겨울깃 ♂ 1월 28일 낙동강 하구

♀ 1월 15일 강릉 남대천

성조 ♂(좌), ♀ 2월 10일 강원도 청초호

장소	날짜
특이사항	

079 바다비오리

Mergus serrator
Red-breasted Merganser

L52~60cm

성조 ♂ 1월 21일 강원도 속초

10중~4중

서식 유라시아대륙의 북부와 영국 북부, 그린란드, 북미 북부에서 번식하고, 유럽, 중국 동부, 북미 서해안과 동해안에서 월동한다. 국내는 다소 흔한 겨울철새이다.

행동 해안 근처의 해상, 하구, 하천 등지에서 생활한다. 큰 무리를 이루지 않고 작은 무리가 일정한 거리를 두고 행동한다. 잠수하여 물고기를 잡아먹는다.

특징 붉은색 부리는 폭이 좁으며 길다(부리기부가 비오리보다 가늘다). 비오리보다 목이 가늘다.

수컷 머리는 녹색을 띠는 검은색이며 뒷머리에 검은색의 긴 댕기가 여러 가닥 있다. 아랫목은 흰색이며 가슴에 흑갈색 반점이 흩어져 있다. 비상시 날개윗면의 날개덮깃과 둘째·셋째날개깃이 흰색이다(날개덮깃 가장자리를 따라 가는 검은 선이 있다).

암컷 머리부분은 갈색이며 다른 부위는 회갈색이다. 뒷머리의 댕기는 비오리보다 짧다. 갈색의 아랫목과 때문은 흰색 가슴과의 경계가 불명확하다. 눈앞이 흐리며 가는 어두운 선이 있다.

수컷 변환깃 암컷과 비슷하지만 날개에 폭넓은 흰색 무늬가 있다.

오리과

어린새 성조 암컷과 비슷하지만 부리가 엷은 붉은색이며, 뒷머리의 댕기가 짧다.
닮은종 비오리 수컷은 뒷머리에 댕기가 없다. 아랫목과 가슴, 옆구리가 흰색이다. 암컷은 턱밑이 흰색이며, 목과 가슴 색의 경계가 비교적 명확하다.

♀ 1월 21일 강원도 속초

1회 겨울깃♂(?) 3월 1일 강원도 거진

성조 ♂ 2월 강원도 속초

성조 ♂ 2월 10일 강원도 거진

1월 강원도 속초

장소	날짜
특이사항	

080 | 비오리

Mergus merganser
Goosander / Common Merganser

L65cm

성조 ♂ 12월 4일 경기도 탄천

10중~4중

서식 유라시아대륙, 북아메리카대륙의 아한대와 온대에서 번식하고, 유럽, 인도 동부, 미얀마, 중국 동부, 한국, 일본, 북미 남부에서 월동한다. 지리적으로 3아종으로 나눈다. 국내는 흔한 겨울철새이며 최근 동강을 비롯한 강원도의 일부 산간 계류에서 번식함이 확인되고 있다.

행동 내륙의 호수, 댐 등지에서 큰 무리를 이루어 생활한다. 일부 개체는 바다와 만나는 강, 하천에서도 생활한다. 날카로운 긴 부리를 이용하여 물고기를 잡는다. 일정한 대형을 이루어 무리의 앞에서부터 차례로 잠수하여 먹이 사냥을 한다. 청둥오리처럼 시끄럽지 않고 별다른 소리를 내지 않는다.

특징 붉은색 부리는 폭이 좁고 길며 윗부리끝이 아래로 굽어 있다.

수컷 머리는 녹색을 띠는 검은색이다. 바다비오리와 달리 뒷머리에 댕기가 없으며 아랫목과 가슴, 옆구리가 흰색이다.

암컷 머리부분은 갈색이며 다른 부위는 회갈색이다. 턱밑이 흰색이다. 목의 갈색부분과 윗가슴의 흰색부분의 경계가 비교적 명확하다. 눈앞은 어두운 흑갈색이다(바다비오리는 흐린 색이다).

어린새 성조 암컷과 비슷하지만 부리가 엷은 붉은색이며, 뒷머리의 댕기가

오리과

짧다. 멱은 성조보다 흐린 흰색이다. 눈앞에 흐린 선이 있으며, 홍채가 엷은 색이다. **닮은종 바다비오리** 뒷머리에 검은색의 긴 댕기가 여러 가닥 있다. 부리기부가 비오리보다 가늘다. 암컷은 뒷머리의 댕기가 비오리보다 짧다. 갈색의 아랫목과 때문은 흰색 가슴과의 경계가 불명확하다. 눈앞이 흐리며 가는 어두운 선이 있다.

♀ 2월 제주도 하도리

12월 4일 경기도 탄천

변환깃 3월 한강

성조 ♂ 2월 17일 경기도 탄천

2월 한강

장소	날짜
특이사항	

081 호사비오리

Mergus squamatus
Scaly-sided Merganser/Chinese Merganser   L57cm

성조 ♂(좌) ♀ 2월 1일 강원도 강촌

10하~3중

천연기념물 448호

서식 중국 동북부의 아무르강, 러시아의 우수리강 유역, 백두산 등지 등 매우 제한된 지역에서 번식하고, 중국 남부와 중부, 한국, 일본 등지에서 월동한다. 국내는 매우 희귀한 겨울철새이다. 최근 섬진강 하류, 북한강 강촌 등지에서 적은 수가 월동함이 확인되었다.

행동 물 흐름이 빠른 하천, 호수, 저수지 등지에서 생활한다. 보통 비오리무리에 섞여 생활한다. 행동은 비오리와 비슷하여 잠수하여 물고기를 잡는다. 경계심이 강하다.

특징 바다비오리처럼 뒷머리에 검은색의 긴 댕기가 여러 가닥 있다. 옆구리에서 아래꼬리덮깃까지 비늘무늬의 검은색 줄무늬가 흩어져 있다. 부리는 붉은색으로 가늘고 길며 끝은 노란색을 띤다.

수컷 몸윗면은 검은색이며 날개덮깃과 둘째날개깃이 흰색이다. 가슴은 줄무늬가 없는 흰색이다.

암컷 바다비오리 암컷과 비슷하지만 옆구리에 비늘무늬가 있으며 콧구멍이 약간 부리중앙부에 위치한다.

실태 천연기념물 448호. 국제자연보전연맹의 적색자료목록에 멸종위기종(EN)

오리과

으로 분류되어 있는 국제보호조이다. 지구상에 1,000여 마리만이 생존해 있는 것으로 추정된다.

닮은종 바다비오리 옆구리에 비늘무늬가 없다. 부리가 가늘며 부리끝에 작은 노란색 무늬가 없다. 수컷의 목은 흰색이며 가슴에 흑갈색 반점이 흩어져 있다. 암컷은 뒷머리의 댕기가 짧다. 눈앞이 흐리며 가는 어두운 선이 있다.

성조 ♀ 12월 2일 강원도 강촌

성조 ♂ 2월 1일 강원도 강촌

성조 ♀(좌) ♂ 2월 1일 강원도 강촌

성조 ♂ 2월 1일 강원도 강촌

성조 ♂ 2월 1일 강원도 강촌

장소	날짜
특이사항	

082 바다쇠오리

Synthliboramphus antiquus
Ancient Murrelet   L24~27.5cm

성조 여름깃 5월 전남 칠발도

1초~12하

서식 쿠릴열도, 사할린, 연해주, 알류샨열도, 알래스카 남부, 한국, 일본에서 번식하고, 주변해상이나 동해안, 서해안, 남해안에서 월동한다.

행동 해상에서 무리를 이루어 먹이를 찾는다. 4월말 전남 국흘도, 칠발도 등지에서 많은 수가 집단번식하며, 그 밖에 거제도, 백령도 주변의 무인도에서 번식하는 것으로 알려졌다. 풀뿌리 밑과 돌 틈 사이에 알을 낳는다. 산란기는 3월 중순에서 4월 중순까지이며, 한배의 산란수는 1~2개이다.

특징 부리는 가늘고 살색을 띠며 기부가 검은색이다. 몸윗면은 회갈색이며 몸아랫면은 흰색이다. 머리는 검은색이며 눈위 뒤쪽으로 가는 흰색 깃털이 있다. 뒷목과 멱은 검은색이며 옆목이 흰색이다.

겨울깃 여름깃과 비슷하지만 눈뒤에 흰선이 매우 가늘어지며, 멱은 엷은 검은색이다.

닮은종 뿔쇠오리 뒷머리가 흰색이며 검은색 뿔깃이 있다. 부리가 약간 가늘고 길며 청회색이다.

바다오리과

겨울깃 2월 6일 영덕 ⓒ서한수

성조 여름깃 5월 전남 칠발도

겨울깃 1월 21일 흑산도 인근

성조 여름깃 5월 전남 칠발도

겨울깃 1월 26일 강원도 고성

새끼 5월 전남 칠발도

장소	날짜
특이사항	

083 뿔쇠오리

Synthliboramphus wumizusume
Crested Murrelet

바다오리과
L24cm

성조 전남 구굴도 ⓒ이정우

1초~12하

천연기념물 450호

서식 일본 북해도, 혼슈, 규슈, 쓰시마, 이즈반도, 남쪽은 류큐, 신안군 가거도에 딸린 국흘도, 독도에서 번식하고, 주변해상에서 월동한다.

행동 겨울에는 먼바다에서 생활하는 경우가 많아 바닷가에서 보기 힘들다. 풀 속에 구멍을 파고 번식하거나 바다제비의 낡은 구멍을 둥지로 이용하며, 3~4월에 번식한다. 한배에 1~2개의 알을 낳으며 암수가 함께 포란한다.

특징 얼굴, 옆목, 정수리가 검은색이며 뒷머리가 흰색이다. 뒷머리에 검은색 뿔깃이 있다. 몸윗면은 회흑색이며 몸아랫면은 흰색이다. 부리는 청회색이다.

겨울깃 뒷머리의 뿔깃이 작아진다.

실태 천연기념물 450호. 국제자연보전연맹의 적색자료목록에 취약종(VU)으로 분류되어 있는 국제보호조이다. 일본의 일부 무인도서와 한반도 서해안의 국흘도와 동해의 독도에서만 번식한다.

084 알락쇠오리

Brachyramphus perdix
Long-billed Murrelet

바다오리과
L24.5cm

겨울깃 1월 10일 강원도 ⓒ곽호경

11초~3하

겨울깃 1월 10일 강원도 ⓒ곽호경

서식 캄차카, 쿠릴열도, 북아메리카 서안에서 번식하고, 북태평양에서 월동한다. 국내에는 매우 드물게 월동한다.

행동 먼바다에서 생활하며 단독 또는 바다쇠오리 무리에 섞이는 경우가 많다.

특징 부리는 바다쇠오리보다 뚜렷이 가늘고 길다. 최근까지 북아메리카에 분포하는 Marbled Murrelet(*B. marmoratus*)의 아종으로 취급하였으나 현재는 별개의 종으로 보고 있다.

여름깃 몸윗면은 전체적으로 흑갈색을 띠며, 몸아랫면은 흰색과 갈색 무늬가 섞여 있다.

겨울깃 몸윗면은 전체적으로 흑갈색을 띠며, 몸아랫면은 흰색을 띤다. 뒷목에 흰색이 없는 완전한 흑갈색이다. 어깨부분에 길쭉한 흰색 무늬가 있다.

장소	날짜
특이사항	

085 작은바다오리

Aethia pusilla
Least Auklet

바다오리과
L15cm

성조 여름깃 러시아 캄차카

11초~3하

겨울깃 2월 15일 강원도 삼척

서식 알래스카 연안, 알류샨열도, 캄차카, 쿠릴열도에서 번식하고, 북태평양에서 월동한다. 2000년 2월 15일 강원도 삼척에서 1개체가 확인된 이후 최근 조사에 의하면 적지 않은 수가 동해 먼바다에서 월동한다.

행동 먼바다에서 무리를 이루어 생활하는 경우가 많다. 잠수하여 연체동물, 갑각류, 작은 어류를 잡는다.

특징 가장 작은 바다오리류이다. 부리가 짧고 뭉툭하다.

여름깃 부리는 검은색이며 끝이 붉은색이다. 눈앞에 가는 흰색깃이 여러 가닥 있으며 눈뒤로 1개의 흰색 줄무늬가 있다. 턱이 흰색이다. 몸아랫면은 흰색이며 가슴과 옆구리는 검은색 무늬가 불규칙하다.

겨울깃 눈앞뒤로 매우 작은 흰색 무늬가 보인다. 등면은 검은색이며 어깨깃에 폭넓은 흰띠가 뚜렷하다. 몸아랫면은 흰색으로 바뀐다.

닮은종 알락쇠오리 크기가 더 크며 부리가 길다. 홍채는 검은색이며 날개아랫면이 검게 보인다.

086 흰눈썹바다오리 *Cepphus carbo* Spectacled Guillemot

바다오리과 L37cm

겨울깃 12월 29일 강원도 ⓒ최순규

11초~3하

서식 오호츠크해 연안, 사할린, 쿠릴열도, 북한 등지에서 번식하고, 겨울에는 약간 남쪽으로 이동한다. 동해안에서 적은 무리가 월동한다.

행동 먼바다에서 생활한다. 잠수하여 물고기, 연체동물을 잡으며 무리를 이루어 수면에서 휴식을 취한다. 번식지는 무인도의 바위절벽이며 알은 2~3개를 낳는다.

여름깃 1월 27일 강원도 고성

특징 검은색 부리는 약간 가늘고 길다. 다리가 붉은색이다.

여름깃 전체적으로 검은색을 띤다. 눈 주위가 원형으로 흰색 무늬가 있으며 눈뒤로 점차 가늘어지는 흰 선이 있다. 다리는 붉은색이다. 부리기부가 흰색이다.

겨울깃 눈 주위의 흰색 무늬는 여름깃보다 폭이 좁다. 부리기부의 흰색부분이 거의 없다. 멱, 옆목, 몸아랫면이 흰색으로 바뀐다. 비상시 꼬리뒤로 붉은색 발이 돌출된다.

087 바다오리

Uria aalge
Common Murre/Guillemot

바다오리과
L43.5cm

성조 여름깃 러시아 캄차카

11초~3하

서식 북태평양과 북대서양의 연안에서 번식하고 겨울철에는 약간 남쪽으로 이동한다. 지리적으로 5아종으로 나뉜다. 남한에서 드물게 동해 먼바다에서 월동하며, 북한에서는 일부 무인도 바위절벽에서 번식한다.

겨울깃 1월 27일 강원도 고성

행동 먼바다에서 먹이를 찾으며 항상 무리를 이룬다. 빠른 날갯짓으로 수면을 스치듯 낮게 비상한다.

특징 국내를 찾는 바다오리류 중 가장 크다. 머리, 목, 몸윗면이 흑갈색으로 보이며 몸아랫면은 흰색이다(먼거리에서 몸윗면은 검게 보인다).

겨울깃 얼굴 아랫부분과 몸아랫면이 흰색이며 몸윗면은 검은색이다. 얼굴뒤 아래쪽으로 검은 선이 그어져 있다. 둘째날개깃 끝이 흰색으로 앉아 있을 때 등쪽에 흰줄이 보인다. 비상시 날개아랫면이 흰색이다.

1회 겨울깃 성조 겨울깃과 매우 비슷하여 구별이 어렵다. 옆목의 흰색이 눈뒤까지 다다른다.

088 큰부리바다오리 *Uria lomvia*

Thick-billed Murre / Brünnich's Guillemot 바다오리과 L40~44cm

1월 21일 강원도 거진 ⓒ정옥식

11초~3하

서식 북태평양과 북대서양 연안에서 번식한다. 지리적으로 4아종으로 나눈다. 국내는 2007년 1월 21일 강원도 거진 주변 먼 바다에서 처음으로 확인되었다. 최근 조사에 의하면 적지 않은 수가 동해 먼바다에서 월동하는 것으로 파악되었다.

1월 21일 강원도 거진 ⓒ정옥식

행동 잠수하여 어류, 갑각류, 연체동물을 먹는다.

특징 몸윗면은 바다오리보다 더 진한 색이다. 부리가 바다오리보다 더 두껍고 길이가 짧다. 윗부리기부에 가늘게 흰색 선이 있다. 윗부리가 바다오리보다 더 아래로 굽은 형태이다. 가슴의 흰색부분이 목쪽으로 뾰족하게 확장되어 있다.

성조 겨울깃 멱은 흰색이며, 옆목의 흰색은 뒷목과 눈뒤까지 다다르지 않는다.

1회 겨울깃 성조 겨울깃과 매우 비슷하지만 부리가 보다 짧고 작다.

닮은종 바다오리 부리가 약간 가늘다. 윗부리기부에 폭좁은 흰색 선이 없다. 겨울깃은 얼굴뒤 아래쪽으로 검은 선이 그어져 있다.

089 흰수염바다오리 *Cerorhinca monocerata* Rhinoceros Auklet

바다오리과
L37.5cm

성조 여름깃 러시아 캄차카

11초~3하

서식 사할린, 쿠릴열도, 알류샨열도, 알래스카, 북미 서해안에서 번식하고, 국내는 동해안 먼바다에서 드물지 않게 월동하는 것으로 알려져 있으나 해안가에서는 좀처럼 보기 힘들다. 북한은 함경북도 선봉군 알섬, 평안북도 납도, 평안남도 덕도 등지에서 번식한다.

행동 먼바다에서 먹이를 찾지만 간혹 다른 바다오리류와 섞여 해안 근처까지 들어오는 경우도 있다. 큰 무리를 이루지 않고 여러 마리가 상당한 거리를 두고 잠수하여 먹이를 찾는다. 바다오리와 흰눈썹바다오리와는 달리 무인도의 경사진 초지의 풀뿌리 밑에 둥지를 만들고 1개의 알을 낳는다.

특징 배를 제외하고 전체적으로 검은색을 띤다. 육중한 부리는 오렌지색을 띠며 윗부리에 혹처럼 돌출된 부분이 있다. 눈아래위로 흰 수염 같은 가는 깃이 길게 돌출되어 있다.

겨울깃 부리위 돌출부분이 작아지며 얼굴의 흰 수염도 거의 없어진다. 비상 시 배와 아래꼬리부분의 흰색을 제외하고 전체적으로 검게 보이며 부리가 육중해 보인다.

090 캐나다두루미 *Grus canadensis* Sandhill Crane 두루미과 L95cm

성조 12월 7일 충남 천수만 ⓒ김신환

12,1, 2,3월

서식 북아메리카 북부와 시베리아 북동부에서 번식하고, 북아메리카 중부와 남부에서 월동한다. 국내는 경기도 대성동 비무장지대, 강원도 철원, 천수만, 순천만에서 관찰된 미조이다.

행동 습지에서 생활한다. 본래의 월동지에서는 큰 무리를 이루지만 국내에서는 다른 종에 섞여 단독으로 월동하거나 이동 중 잠시 기착하는 것으로 판단된다.

특징 전체적으로 회갈색이며 녹슨 갈색이 불규칙하게 섞여 있다. 정수리에 붉은색 피부가 노출되어 있다. 머리에서 목까지 회색이다. 부리는 검은색이며 아랫부리는 황색 기운이 있다.

어린새 정수리에 붉은색 피부가 없다. 성조에 비해 전체적으로 갈색 기운이 많다. 부리에 황색 기운이 있다. 눈아래에서 목까지 회색이다.

장소	날짜
특이사항	

091 검은목두루미

Grus grus
Common Crane

L114cm

성조 2월 일본 이즈미

10하~3중

천연기념물
451호

서식 스칸디나비아반도에서 시베리아의 콜리마천 유역에서 번식하고, 남유럽, 아프리카 북부, 인도 북부, 중국에서 월동한다. 국내는 매우 드문 겨울철새로 찾아온다. 강원도 철원평야, 경기도 파주의 대성동, 서산 천수만 등지에 불규칙하게 1~2마리가 찾아온다.

행동 습지, 하구, 논에서 생활한다. 흑두루미나 재두루미의 무리에 섞여 월동하는 경우가 많다.

특징 전체적으로 회백색이다. 연령에 관계없이 비상시 날개깃의 검은색과 날개덮깃의 회색의 색 차이가 명확하다. 정수리가 적색이다(적색의 크기는 개체에 따라 다르다). 눈앞, 턱밑, 앞목, 뒷머리가 검은색이다. 눈뒤에서 뒷목까지 흰색이며 여름깃은 등에 흐린 갈색깃이 있다.

1회 겨울깃 눈앞과 머리위가 검은색이지만 성조처럼 진하지 않다. 앞목은 검은색이 매우 엷으며 옆목의 회색과 경계가 불명확하다. 셋째날개깃과 날개덮깃의 가장자리에 뚜렷한 검은 무늬가 있다. 목은 성조처럼 검은 무늬가 없기 때문에 검은목두루미와 흑두루미의 잡종으로 착각하기 쉽다.

잡종 흑두루미+검은목두루미 검은목두루미 1년생과 매우 비슷하다. 크기는 검

두루미과

은목두루미 정도이다. 깃색이 엷다. 이마, 눈앞, 턱밑이 검다. 앞목은 엷은 검은색으로 약간의 얼룩이 있다. 큰날개덮깃과 날개깃이 검은색이다. 셋째날개깃과 날개덮깃의 가장자리에 검은 무늬가 불명확하다.

실태 천연기념물 451호.

성조 2월 일본 이즈미 ⓒ김수만

성조 3월 23일 충남 천수만 ⓒ김신환

검은목두루미와 교잡종 11월 9일 충남 천수만

검은목두루미와 흑두루미 11월 9일 천수만

검은목두루미와 흑두루미 교잡종 11월 9일 천수만

장소	날짜
특이사항	

092 흑두루미

Grus monacha
Hooded Crane

L96.5cm

성조 (좌) 와 어린새 2월 일본 이즈미

10하~3하

천연기념물
228호

서식 러시아의 아무르천 유역과 중국 북동부에서 번식한다. 재두루미의 번식지와 약간 중복되고 보다 북쪽으로 치우쳐 있다. 월동지는 중국의 양쯔강 유역과 한국의 대구 고령군, 순천만, 서산 천수만 그리고 일본의 규슈지방의 이즈미와 인접한 해안이다.

행동 초지, 습지, 논에서 가족단위로 생활하며 이동시기와 월동지에서는 가족군이 모여 큰 무리를 이룬다. 먹이는 땅위를 거닐며 낟알, 식물의 씨앗과 뿌리, 어류 등을 먹는다.

특징 소형이다. 이마가 검은색이며 정수리 앞부분에 붉은색 피부가 노출되어 있다. 머리와 목 윗부분은 흰색이다. 몸은 전체적으로 회흑색이다.

어린새 이마에 검은색이 없으며 붉은색 피부가 보이지 않는다. 머리와 목이 옅은 갈색이다.

실태 국제자연보전연맹의 적색자료목록에 취약종(VU)으로 분류되어 있는 국제보호조이다. 천연기념물 228호. 1984년 대구 화원유원지, 고령군 다산면, 옥포면 일원에 약 200~300마리의 무리가 찾아왔으나 서식지 파괴로 현재는 월동하지 않는다. 1997년 겨울 전남 순천만에서 약 70여 개체가 월동하고 있

두루미과

음이 알려졌다. 현재 약 120~160여 개체가 월동한다.

성조 2월 일본 이즈미

성조 2월 일본 이즈미 ⓒ김수만

성조와 어린새(좌) 2월 일본 이즈미

12월 충남 천수만

1월 전남 순천만

장소	날짜
특이사항	

093 두루미

Grus japonensis
Red-crowned Crane

L140cm

성조 2월 일본 북해도

10하~3하
천연기념물 202호

서식 몽골 동부, 우수리, 중국 동북부, 일본의 북해도 동북 연안에서 번식하고, 한국, 중국 동남부에서 월동한다. 일본 북해도의 무리는 텃새로 정착하였다.

행동 습지, 초지, 하구, 논에서 생활한다. 월동 중에 어미새는 어린새와 함께 가족군을 형성하여 생활한다. 먹이는 논에 떨어진 벼의 낟알, 미꾸라지, 물고기, 우렁이 등이다. 강원도 철원, 강화도 등 국내에 600여 마리가 월동한다.

특징 눈앞과 이마, 턱밑과 목, 꼬리로 보이는 셋째날개깃이 검은색이다(둘째·셋째날개깃이 검은색이다). 정수리에 붉은색 피부가 노출되어 있다. 나머지부분은 흰색이다.

어린새 머리부분에 갈색 기운이 있다. 등과 날개깃에 황갈색깃이 섞여 있다. 첫째날개깃 끝이 검은색이다.

실태 국제자연보전연맹의 적색자료목록에 멸종위기종(EN)으로 분류되어 있는 국제보호조이다. 천연기념물 202호. 세계적으로 북미흰두루미 다음으로 희귀하다. 현재 약 2,200마리 정도가 살아 있다고 추산된다.

두루미과

성조 2월 28일 일본 북해도

성조와 어린새(중앙) 1월 강원도 철원

성조 10월 일본 북해도

성조 2월 일본 북해도

성조와 새끼 5월 일본 북해도

미성숙 개체 2월 27일 일본 북해도

장소	날짜
특이사항	

094 재두루미

Grus vipio
White-naped Crane
L115~125cm

성조 1월 강원도 철원

10초~4초

천연기념물 203호

서식 극동아시아에서만 분포하는 종으로 몽골, 러시아, 중국의 국경지역에서 번식한다. 월동지는 두루미와 비슷하지만 중국의 내륙까지 치우쳐 있고 일본에서는 흑두루미와 함께 이즈미에서 집단 월동한다. 국내는 대부분이 철원의 대마리를 포함한 민통선지역, 파주 자유의 마을, 한강 하류, 임진강 하류 등지에서 월동하며 일부가 낙동강 하구, 주남저수지, 순천만에서 겨울을 난다.

행동 월동 중에 어미새는 어린새와 함께 가족군을 형성하며 여러 가족군이 모여 큰 무리를 이루어 생활한다.

특징 눈 주위로 붉은색 피부가 노출되어 있다. 머리와 목이 흰색이며 등은 회색을 띤다. 앞목 일부와 몸아랫면은 진한 회색이다. 비상시 날개깃이 검게 보인다.

어린새 얼굴의 붉은색과 재색의 경계가 불분명하다. 머리에 황갈색깃이 있어 때문은 흰색으로 보인다. 날개깃과 날개덮깃의 일부에 황갈색 무늬가 있다.

실태 국제자연보전연맹의 적색자료목록에 취약종(VU)으로 분류되어 있는 국제보호조이다. 천연기념물 203호. 전세계에 약 5,500~6,500마리만이 생존해 있는 것으로 추정하고 있다. 한때는 한강 하구에 2천여 마리까지 날아왔지만, 현재는 철원평야, 임진강 하구, 한강 하구, 대성동 일대에 250여 마리의 적은 수가 월동한다. 개체수의 대부분은 일본의 이즈미와 주변의 해안습지에서 월동한다.

성조와 어린새(우) 1월 강원도 철원

1월 경기도 파주

성조와 어린새(좌) 1월 강원도 철원

성조 2월 27일 강원도 철원

2월 26일 강원도 철원

장소	날짜
특이사항	

095 시베리아흰두루미 *Grus leucogeranus* Siberian White Crane

두루미과
L135cm

성조 11월 19일 전남 흑산도

10, 11, 12, 3월

서식 러시아의 오브강과 시베리아 북동부의 콜리마천유역에서 번식하고, 중국 양쯔강, 인도 북부에서 월동한다. 국내는 1992년 11월 2일 경기도 파주군 탄현면 대동리에서 어린새 1개체가 관찰된 이후 철원, 충남 서산, 전남 대흑산도에서 관찰되었다.

성조 11월 19일 전남 흑산도

행동 습지, 논에서 생활한다. 국내에서는 다른 두루미류의 무리에 섞여 월동한다. 큰 부리를 이용하여 땅위에 떨어진 식물의 종자, 곤충류, 어류, 조개류를 먹는다.

특징 눈을 포함하여 얼굴앞에 붉은색 피부가 노출되어 있다. 날개깃을 제외하고 전체적으로 흰색이다.

실태 국제자연보전연맹의 적색자료목록에 심각한 위기종(CR)으로 분류되어 있는 국제보호조이다. 전세계에 약 2,500~3,000마리만이 생존해 있다.

096 쇠재두루미

Anthropoides virgo
Demoiselle Crane

두루미과
L68~90cm

성조 8월 31일 몽골 ⓒ서한수

10월

서식 우크라이나에서 중국 북동부의 아시아 내륙에서 번식하고, 아프리카의 나일강유역, 중동, 인도, 중국에서 월동한다. 국내는 1940~1945년 사이에 강화도에서 1개체가 확인된 이후 2001년 10월 하순 낙동강 하구에서 재두루미 무리 속에서 1개체가 확인된 미조이다.

행동 습지, 논에서 생활한다. 다른 두루미류의 무리에 섞여 땅에 떨어진 식물의 씨앗이나 식물의 뿌리를 먹는다.

특징 먼거리에서 검은목두루미로 착각하기 쉽다(특히 날 때 구별이 어렵다). 비상시 가슴이 검게 보이며, 첫째날개덮깃의 회색과 첫째날개깃의 검은색과의 색 차이가 크지 않다. 부리가 짧다. 셋째날개깃은 무척 길며 끝이 검다.

어린새 머리는 매우 엷은 색으로 먼거리에서 흰색에 가깝게 보인다.

장소	날짜
특이사항	

097 흰눈썹뜸부기 *Rallus aquaticus* Water Rail

뜸부기과 L29cm

1회 겨울깃 2월 13일 금강 하구

10중~5중

서식 유라시아대륙의 온대에서 번식하고, 북방의 개체는 겨울에 남하한다. 중국 남부, 동남아시아에서 월동한다. 지리적으로 4아종으로 나눈다. 국내는 봄·가을 드물게 통과하며 일부가 중부 이남 지방에서 월동한다.

1회 겨울깃 2월 13일 금강 하구

행동 줄과 갈대가 무성한 호수, 습지, 하구에서 생활한다. 갈대밭과 풀숲 사이를 조용히 걸어다니며 꼬리를 상하로 움직인다. 놀랐을 때에는 머리와 꼬리를 낮추고 빠르게 달아난다. 날아오르는 모습은 보기 힘들다. 어류, 새우, 곤충류 등의 동물성과 식물의 종자를 먹는다.

특징 암수 같은 색이다. 몸윗면은 녹슨 갈색이며, 흑색의 세로줄무늬가 있다. 얼굴에서 가슴까지 청회색(머리는 매우 어두운 색을 띤다). 배와 옆구리는 흰색과 검은색의 가로줄무늬가 교차한다. 눈선은 엷은 갈색이다. 아랫날개덮깃에 흰색 반점이 있다. 부리는 길며 번식기에는 전체적으로 붉은색. 비번식기에는 윗부리가 검은색을 띤다. 다리는 엷은 붉은색을 띠는 살색이다.

098 알락뜸부기

Coturnicops exquisitus
Swinhoe's Rail

뜸부기과
L15cm

어린새 10월 28일 전남 홍도

4, 9, 10, 11월

서식 바이칼 동남부, 중국 동북부에서 번식하고, 한국, 일본, 중국 남부에서 월동한다. 국내는 1913~1930년 사이에 경기도에서 7회의 채집기록이 있으며, 2005년 10월 28일과 2006년 9월 21일에 전남 홍도에서 각각 1개체가 관찰되었다.

어린새 10월 28일 전남 홍도

행동 생태에 관해 알려진 것은 거의 없다. 경계심이 매우 강하다. 풀이 무성한 습지, 갈대밭에서 생활한다. 수생곤충, 무척추동물, 식물의 종자를 먹는다.
특징 매우 작은 소형이다. 비상시 둘째날개깃 끝이 흰색이다. 몸윗면은 흑갈색을 띠며, 뚜렷한 황갈색 줄무늬가 있으며, 어깨에서 꼬리까지 가는 흰색 반점이 흩어져 있다. 얼굴은 회갈색을 띠며 불명확한 어두운 눈선을 가진다.
실태 국제자연보전연맹의 적색자료목록에 취약종(VU)으로 분류되어 있다.

장소	날짜
특이사항	

099 쇠뜸부기

Porzana pusilla
Baillon's Crake

L18~19cm

성조 5월 한강 행주산성 ⓒ김수만

4중~5중
9중~10중

서식 유라시아대륙의 온대지역에 국지적으로 분포한다. 인도, 동남아시아, 아프리카 북부에서 월동하며, 아프리카 남부, 마다가스카르, 오스트레일리아, 뉴질랜드, 뉴기니에서는 텃새이다. 국내는 매우 드물게 통과하는 나그네새이며 소수가 번식할 것으로 추정된다.

행동 논, 습지, 갈대밭에서 생활하기 때문에 관찰하기 무척 힘들다. 먹이는 곤충류, 식물의 종자, 연체동물을 먹는다. 단독으로 소리 없이 생활하지만 이동시기에 간혹 외마디의 독특한 울음소리를 낸다.

특징 암수 같은 색이며 작은 소형이다. 얼굴에서 가슴까지 청회색이다. 엷은 갈색의 눈선, 정수리에서 뒷목, 그리고 몸윗면은 갈색이다. 등과 날개깃에 검은색과 흰색의 반점이 흩어져 있다. 옆구리에서 아래꼬리덮깃까지 흰색과 검은색의 줄무늬가 교차한다. 황록색 부리는 짧으며 기부가 두껍다. 다리는 녹갈색이다. 홍채는 진홍색 또는 적갈색이다.

1회 겨울깃 첫 깃털갈이를 마친 후 성조와 구별이 어렵지만, 귀깃 주변으로 갈색깃이 남아 있다. 첫째날개깃에 마모가 있다. 홍채는 어린새와 성조의 중간 색을 띤다.

뜸부기과

어린새 몸윗면은 성조와 거의 같다. 얼굴이 엷은 갈색으로 성조에서 보이는 청회색이 없다. 정수리에 검은색 줄무늬가 있다. 멱은 흰색이며 옆목과 가슴옆은 갈색이다. 옆구리에서 아래꼬리덮깃까지 흰색과 흑갈색의 줄무늬가 교차한다. 홍채는 갈색이며 노란색 눈테가 있다.

닮은종 흰눈썹뜸부기 몸이 더 크다. 부리가 가늘고 길며 붉은색이다. 다리는 엷은 붉은색이며 등에 흰색 반점이 없다.

성조 5월 한강 행주산성

성조 5월 한강 행주산성

어린새 9월 4일 전남 흑산도

어린새 10월 11일 전북 어청도 ⓒ서한수

장소	날짜
특이사항	

100 쇠뜸부기사촌 *Porzana fusca* Ruddy-breasted Crake L20~21cm

성조 7월 하남시 미사리

4초~10하

서식 인도에서 동남아시아, 중국, 한국, 일본에 분포한다. 북방의 개체는 겨울철에 남쪽으로 이동한다. 지리적으로 4아종으로 나눈다. 국내는 흔히 번식하는 여름철새이다. 갈대 줄기를 포개서 둥지를 짓는다.

행동 초지, 물고인 논, 갈대밭, 저수지 등지에서 조용히 움직이기 때문에 보기 힘들다. 위로 치켜 세운 꼬리를 끊임없이 상하로 흔들며 풀숲 사이에서 곤충을 잡아먹는다.

특징 몸윗면은 균일한 암갈색이다. 얼굴에서 배까지 적갈색이며 턱부분이 흰색이다. 홍채는 붉은색이다. 아랫배에서 아래꼬리덮깃까지 가느다란 검은색과 흰색 가로줄무늬가 교차한다. 부리는 검은색이며 뾰족하다. 다리는 붉은색으로 약간 길며 발가락이 길다. 뜸부기과의 새들이 그러하듯이 상당히 짧은 꼬리를 가지고 있다.

어린새 성조에 비해 전체적으로 엷은 색을 띤다. 얼굴에서 배까지 흰색 또는 때묻은 흰색 기운이 많다. 홍채는 갈색이다. 다리는 흐린 갈색이다.

뜸부기과

닮은종 한국뜸부기 크기가 크다. 날개덮깃 가장자리가 흰색이다. 배에서 아래꼬리덮깃까지 폭넓은 검은색과 흰색 가로줄무늬가 있다.

성조 6월 6일 전남 영암호

성조 6월 6일 전남 영암호

성조 7월 하남시 미사리

한국뜸부기 9월 27일 제주도 ⓒ윤순영

어린새 10월 4일 경기도 시흥 ⓒ심규식

장소	날짜
특이사항	

101 흰배뜸부기 *Amaurornis phoenicurus* White-breasted Waterhen L31.5~34.5cm

성조 5월 전남 홍도

4하~5중
8초~9하

서식 중국 남부에서 동남아시아, 인도에 분포한다. 지리적으로 3 또는 4아종으로 나눈다. 국내는 드문 나그네새이지만, 2001년 전북 남원에서 번식이 확인되기도 하였다.

행동 습지, 초지, 논에서 생활하며, 경계심이 강하여 좀처럼 모습을 드러내지 않는다. 꼬리를 상하로 규칙적으로 움직이며 풀 속에 숨어 먹이를 찾는다.

특징 암수 같은 색이다. 머리, 등, 날개덮깃은 흑색이며 청색의 광택이 있다. 이마에서 아랫배까지 흰색이며 아래꼬리덮깃은 밤색이다. 부리는 황록색이며 윗부리기부는 붉은색이며 다리는 황록색이다.

어린새 몸윗면에 갈색 기운이 강하다. 얼굴에 불명확한 회갈색 무늬가 흩어져 있는 형태이다. 가슴과 옆구리에 가늘고 짧은 회갈색 줄무늬가 있다. 부리는 어두운 회갈색을 띤다. 먼거리에서 쇠물닭 어린새로 혼동할 수 있다(쇠물닭 어린새는 아래꼬리덮깃 양쪽에 흰색 반점이 있으며, 옆구리에 흰색 깃이 있다).

뜸부기과

성조 12월 26일 전남 흑산도

성조 12월 26일 전남 흑산도

성조 5월 전남 홍도

성조 6월 30일 제주도 ⓒ곽호경

장소	날짜
특이사항	

102 뜸부기

Gallicrex cinerea
Watercock

♂ L40cm ♀ L33cm

성조 ♂ 7월 강화도 여차리

5중~10하

천연기념물
446호

서식 한국, 중국, 대만, 동남아시아, 남아시아에 분포한다. 국내는 논과 초지에 서식하는 드문 여름철새이다. 과거에는 전국적으로 번식하였지만 현재는 철원평야, 충남 천수만, 당진, 전남 해남 등 일부지역의 넓은 논과 간척지에서 매우 적은 수가 번식한다.

행동 둥지는 논의 벼포기를 모아 만들거나, 습지주변의 초지에 풀줄기를 이용하여 접시모양으로 만든다. 경계심이 강하다. 수컷은 번식철 넓은 논 또는 초지에서 뜸! 뜸! 뜸! 하는 특유의 울음소리를 낸다.

특징 다른 종과 혼동이 없다.

수컷 전체가 회흑색이며 등깃과 날개깃 가장자리는 엷은 회백색 또는 황갈색 비늘무늬를 이룬다. 이마위에 붉은색 액판이 뚜렷하다. 정수리에 붉은색의 피부가 높게 돌출되어 있다. 부리는 황색이다. 다리와 발가락은 길며 황록색 또는 붉은색으로 개체에 따라 차이가 있다.

암컷 수컷보다 작다. 부리 높이가 수컷보다 낮다. 부리는 황갈색이며 액판이 없다. 전체적으로 황갈색을 띤다. 몸윗면은 흑갈색을 띠며, 깃가장자리는 폭 넓은 황갈색이다. 몸아랫면은 황갈색을 띠며(배중앙부는 흰색 기운이 있다),

뜸부기과

비늘모양의 가는 흑갈색 줄무늬가 있다. 부리와 다리는 녹황색을 띤다.

수컷 겨울깃 암컷과 매우 비슷하지만, 부리가 암컷보다 더 두껍다. 몸아랫면의 줄무늬가 암컷보다 더 폭넓고 뚜렷하다.

어린새 성조 암컷 겨울깃과 구별하기 어렵다. 몸아랫면의 줄무늬 폭이 좁고, 다소 불명확한 형태이다.

실태 천연기념물 446호.

♀ 9월 충남 천수만 ⓒ김현태

♀ 6월 13일 충남 천수만

성조 ♂ 6월 6일 전남 영암

성조 ♂ 6월 4일 경기도 파주

성조 ♂ 6월 28일 전남 영암

장소	날짜
특이사항	

103 쇠물닭

Gallinula chloropus
Common Moorhen
L30.5~33cm

성조 8월 경북 칠곡

4중~10하

서식 유라시아, 아프리카, 북아메리카, 남아메리카의 온대에서 열대지역에 광범위하게 분포한다. 지리적으로 12아종으로 나눈다. 국내는 전국의 습지, 저수지, 연못 등지의 습지에서 번식하는 흔한 여름철새이다.

행동 줄이나 부들, 갈대숲 사이를 조용히 걸어다니며 곤충, 식물의 씨앗 등을 먹는다. 꼬리를 상하로 흔들며 풀숲 사이를 이동하지만 저수지, 연못 등 개방된 장소로 나오는 경우도 많다.

특징 성조의 경우 다른 종과 혼동이 없다. 이마의 붉은색 액판이 특징적이고, 아래꼬리덮깃의 양쪽 끝에 큰 흰색 반점이 있다. 물닭에 비해 발가락에 '판족'이 없고 발가락이 비교적 길다. 겨울깃은 이마의 액판이 작고 아랫배 부분에 흰깃이 섞여 있다.

어린새 전체적으로 갈색을 띤다. 얼굴과 멱은 흰색이며, 몸아랫면은 흰색과 갈색이 섞여 있다. 부리는 엷은 황갈색을 띤다. 옆구리에 몇 가닥의 흰깃이 있으며, 아래꼬리덮깃은 성조와 같은 흰색이다.

뜸부기과

성조와 새끼 6월 강원도 철원

성조 6월 하남시 미사리

성조 5월 하남시 미사리

1회 겨울깃 1월 3일 충남 천수만

성조 6월 경기도 퇴촌

어린새 9월 5일 경기도 퇴촌

장소	날짜
특이사항	

104 물닭

Fulica atra
Common Coot

L39cm

성조 6월 경기도 퇴촌

1초~12하

서식 유라시아대륙, 인도, 오스트레일리아에 폭넓게 분포한다. 지리적으로 3 또는 4아종으로 나눈다. 과거에는 흔히 통과하는 나그네새 또는 겨울철새로 기록되어 있으나, 최근 전국 각지에서 번식한다. 특히 낙동강 하구, 북한강 양수리, 경안천 등지에서 상당수가 번식하는 텃새이다.

행동 강, 저수지에서 곤충, 작은 물고기, 식물의 줄기 등을 먹는다. 번식기에도 여러 마리가 서로 거리를 두고 먹이를 찾으며, 겨울에는 강, 호수에서 큰 무리를 이루어 월동하며 수초를 먹는다. 놀랐을 때를 제외하고는 잘 날지 않는다. 수면에서 날아오를 때 발로 물을 튀기며 달린다.

특징 암수 같은 색이다. 전체적으로 검은색이며 통통한 체형이다. 부리와 이마가 흰색이다. 홍채는 적갈색이다. 비상시 둘째날개깃 끝에 흰색 띠가 보인다.

어린새 쇠물닭 어린새와 비슷하지만 서식 환경이 다르며, 몸윗면이 광택이 없는 흑갈색이다. 얼굴, 눈앞, 앞목이 흰색이다. 부리는 황백색 또는 살색이다. 쇠물닭 어린새와 달리 옆구리와 아래꼬리덮깃에 흰색 반점이 없다.

성조 5월 10일 경기도 퇴촌

성조 1월 경기도 수청리

성조와 어린새 6월 경기도 퇴촌

새끼 5월 19일 경기도 퇴촌

어린새 7월 경기도 퇴촌

장소	날짜
특이사항	

105 물꿩

Hydrophasianus chirurgus
Pheasant-tailed Jacana
L39~58cm

성조 여름깃 5월 충남 천수만

4초~9하
11, 12월

서식 인도에서 동남아시아, 중국 남부, 대만에 분포한다. 국내는 1993년 7월 15일 주남저수지에서 처음으로 확인된 이후 서산 천수만, 주남저수지, 제주도 등지에서 관찰된 미조이다. 2006년 7월 제주도 용수저수지, 2007년 7월 주남저수지 부근에서 번식이 확인되었다.

행동 호수, 늪, 저수지, 논에서 생활한다. 월동지에서는 무리를 이루는 경우가 많지만 국내는 대부분 1마리씩 찾아온다. 경계심이 비교적 없다. 수생식물의 줄기위를 걸어다니며 수초의 줄기와 잎에 붙어 있는 곤충류와 갑각류를 먹는다.

특징 암수 같은 색이다. 암컷이 수컷보다 크다. 여름깃은 꼬리깃이 유난히 길지만 겨울은 짧다. 발가락이 유난히 길다. 날개깃은 흰색이다(외측 첫째 날개깃 끝은 검은색). 머리, 멱, 옆목은 흰색이며 뒷목은 황색이다.

겨울깃 정수리, 뒷목 중앙부, 몸윗면은 균일한 갈색이다. 흰색 또는 엷은 황갈색 눈썹선은 옆목의 폭

물떼과

넓은 황갈색부분까지 이어진다. 검은 눈선은 옆목을 따라 아래로 이어져 가슴을 가로지르는 폭넓은 검은 띠와 만난다. 가운데 날개덮깃과 작은날개덮깃의 상당부분은 회갈색을 띠며, 약간의 검은 줄무늬가 있다. 꼬리는 갈색으로 짧다.

어린새 성조 겨울깃과 매우 비슷하다. 정수리는 대부분 흐린 적갈색이며 흑갈색의 세로줄무늬가 있다. 눈썹선이 불명확하다. 몸 윗면의 깃가장자리는 엷은 색을 띠며, 검은 가슴선이 겨울깃보다 흐리다.

성조와 어린새 8월 23일 제주도

성조 여름깃 8월 8일 제주도

성조와 새끼 8월 1일 제주도

어린새 9월 11일 제주도

장소		날짜	
특이사항			

106 호사도요

Rostratula benghalensis
Greater Painted Snipe
L23.5~26cm

성조 ♂ 6월 충남 천수만

1초~12하

천연기념물
449호

서식 인도에서 동남아시아, 중국, 한국, 일본, 아프리카, 오스트레일리아에 분포한다. 지리적으로 2아종으로 나눈다. 국내는 드문 나그네새이며 2000년 이후 충남 천수만, 전남 영암, 제주도에서 번식이 확인되었다.

행동 습지, 휴경지, 하천 등지에서 생활한다. 비번식기에는 작은 무리를 이루는 경우가 많다. 번식은 일처다부제로 한다. 암컷이 수컷에게 접근하여 구애행동을 하며 4개의 알을 낳고, 수컷을 떠나 또 다른 수컷에게 구애한다. 수컷은 홀로 알을 품고 어린 새끼를 키운다. 주로 아침저녁으로 먹이를 찾아 활동한다. 먹이는 갑각류, 조개류, 곤충의 유충, 지렁이 등이다.

특징 다른 종과 혼동이 없다. 통통한 체형이며, 부리가 길고 다리가 짧다. 암컷이 수컷보다 더 화려하다. 엷은 홍색의 긴 부리는 끝이 아래로 약간 굽은 형태이다. 가슴에서 어깨까지 흰색의 긴 띠가 있다.

수컷 머리중앙선과 눈테 그리고 눈뒤쪽으로 엷은 황색 줄무늬가 있다. 얼굴에서 가슴까지 회갈색

호사도요과

이다. 몸윗면은 흐린 흑갈색에 흰색과 검은색 무늬가 흩어져 있으며, 날개깃과 날개덮깃은 흐린 회갈색에 둥근 흰색 또는 엷은 황갈색 무늬가 흩어져 있다. 배는 흰색이며 가슴과 가슴옆에 흑갈색 띠가 있다.

암컷 머리중앙선이 엷은 황색이다. 눈테와 그 뒤쪽이 흰색이다. 얼굴에서 윗가슴까지 적갈색이다. 아랫가슴은 흑갈색이며 몸윗면은 어두운 녹갈색이다.

실태 천연기념물 449호.

성조 ♀ 5월 충남 천수만

성조 ♂ 6월 충남 천수만

어린새 6월 6일 전남 영암

장소	날짜
특이사항	

107 검은머리물떼새 *Haematopus ostralegus* Eurasian Oystercatcher L45cm

성조 7월 충남 삽시도

1초~12하

천연기념물 326호

서식 유럽, 캄차카반도, 동아시아 북부에서 번식하고 아프리카, 중동, 남아시아, 한국, 중국 남부에서 월동한다. 지리적으로 4아종으로 나눈다. 국내는 서남해안에 드물게 나타나는 희귀한 새로 알려져 왔으나, 1971년 6월 강화군 '대송도'에서 번식이 확인된 텃새이다. 이후 서해의 여러 작은 무인도에서 번식이 확인되고 있다.

행동 주 월동지는 서해의 군산일대이며, 무리를 이루어 갯벌에서 월동한다. 번식기(5~6월)에는 서해안의 작은 섬에서 관찰된다. 먹이는 바위나 간조시 물빠진 갯벌을 배회하며 작은 게, 굴, 조개, 수서곤충 등을 먹는다. 둥지는 바위위 오목한 곳에 나뭇가지로 엉성하게 만든 후 갈색 바탕에 무늬가 있는 알을 3개 내외로 낳는다. 포란은 암수가 교대로 한다. 포란기간은 약 28~33일이다.

특징 암수가 같은 색이다. 머리, 가슴, 몸윗면은 검은색이다. 부리는 길며 붉은색이다. 비상시 날개윗면에 큰 흰색 줄무늬가 있다. 다리는 핑크색이

검은머리물떼새과

며, 발가락이 3개이다.
어린새 등과 날개깃 가장자리가 갈색이다.
부리끝이 검은색이다. 다리는 살색이다.
실태 천연기념물 326호.

성조 10월 18일 충남 유부도

성조 5월 21일 인천 영종도

성조 10월 16일 충남 유부도

성조와 어린새(우) 6월 10일 충남 삽시도

10월 18일 충남 유부도

장소	날짜
특이사항	

108 장다리물떼새

Himantopus himantopus
Black-winged Stilt

L35~40cm

성조 ♂, ♀(우) 6월 충남 천수만

4중~9하

서식 유라시아대륙의 중남부, 아프리카, 인도, 오스트레일리아, 북미 중부, 남아메리카에 분포한다. 지리적으로 5아종으로 나누며, 국내에 도래하는 아종은 유라시아대륙, 인도, 스리랑카, 아프리카에 서식하는 *himantopus*이다. 물고인 논, 하천, 해안근처의 호수 등지를 매우 드물게 통과하는 나그네새이다. 1998년 이후 천수만의 농경지에서 번식이 확인되었고, 2003년에는 영암호 간척지에서도 번식이 확인되었다.

행동 긴 다리를 이용하여 얕은 물 속을 거닐며 물고기, 곤충의 유충, 갑각류 등을 잡아먹는다. 가족군을 형성하며, 작은 무리를 이루어 행동하는 경우가 많다. 둥지는 논 중앙의 어린 벼줄기 사이에 벼 그루터기와 줄기를 이용하여 둔덕모양으로 쌓아 올려 만들고, 어두운 색의 불규칙한 무늬를 가진 알을 4개 낳는다. 포란기간은 약 22~24일이며 암수가 교대로 포란한다.

특징 다른 종과 혼동이 없다. 부리는 검은색으로 가늘고 길며, 다리는 붉은색으로 매우 길다. 수

장다리물떼새과

컷은 몸윗면은 진한 녹색을 띠며, 암컷은 어두운 갈색이다. 날개는 검은색이다. 눈 뒤와 뒷머리에 갈색무늬가 있지만 개체에 따라 다르며, 일부 개체는 완전 흰색을 띠는 경우도 있다.

어린새 머리와 뒷목이 갈색이다. 몸윗면의 깃가장자리는 황갈색으로 비늘무늬를 이룬다. 다리는 옅은 핑크색이다. 부리는 검은색이며 아랫부리 기부가 분홍색이다. 둘째날개깃 끝과 안쪽 첫째날개깃 끝이 폭좁은 흰색이다.

미성숙 수컷 외형상 성조와 비슷하지만 몸윗면은 녹색과 갈색이 섞여 있는 경우가 있으며 날개깃 일부가 갈색이다. 비상시 둘째날개깃 끝과 안쪽 첫째날개깃 끝이 폭좁은 흰색이다.

미성숙 암컷 몸윗면은 균일한 갈색이며, 날개깃이 갈색으로 보인다. 비상시 날개 끝부분이 흰색을 띤다.

성조 ♂ 5월 6일 전남 흑산도

성조 ♂ 6월 충남 천수만

어린새 9월 3일 서울 고덕수변 생태복원지

장소	날짜
특이사항	

109 뒷부리장다리물떼새 *Recurvirostra avosetta*
Pied Avocet   L43cm

1회 겨울깃 10월 제주도 종달리 ⓒ강창완

10중~2하

서식 유럽, 지중해 연안에서 중앙아시아, 아프리카 등지에서 국부적으로 번식하고, 유럽 남부, 아프리카, 인도 서부, 중국 남부에서 월동한다. 국내는 매우 드문 겨울철새로 찾아온다. 지금까지 낙동강 하구, 금강 하구, 서산 간월호, 목포, 제주도 등지에서 관찰기록이 있다.

행동 하구, 연안 하천, 호수 등에서 생활한다. 얕은 물 속에서 부리를 수중에 담갔다 뺏다 하며 먹이를 걸러 먹거나, 물과 갯벌의 경계면에서 부리를 좌우로 훑어 작은 수서곤충을 잡아먹는다. 간혹 물위에 떠서 먹이를 찾는 경우도 있다. 경계심이 강해 놀랐을 때 쉽게 날아오른다. 번식지에서는 집단번식하지만 국내에서는 1마리 또는 2마리가 함께 월동한다.

특징 부리는 가늘고 길며 끝부분이 심하게 위로 향한 특이한 형태이다. 전체적으로 흰색과 검은색이 섞여 있어 우아한 분위기를 자아낸다.

암컷 부리가 수컷보다 더 심하게 위로 굽었다. 부리기부와 눈아래위의 눈테가 때묻은 흰색을 띠는 경향이 있다.

1회 겨울깃 성조의 검은색 부분이 흑갈색으로 보인다. 특히 날개덮깃과 첫째날개깃이 흑갈색을 띠며 마모가 심하다. 눈아래위에 있는 흐린 흰색 눈테는

장다리물떼새과

근거리에서 확인이 가능하다.
어린새 1회 겨울깃과 비슷하다. 머리를 포함하여 몸윗면의 검은색 일부에 흑갈색 얼룩 무늬가 있다.

2월 20일 전남 목포

4월 7일 충남 천수만 ⓒ윤주문

7월 몽골 ⓒ박형욱

4월 7일 충남 천수만 ⓒ윤주문

12월 제주도 ⓒ김수만

장소	날짜
특이사항	

110 제비물떼새

Glareola maldivarum
Oriental Pratincole

L26.5cm

성조 여름깃 5월 7일 전남 흑산도

4하~5중
9초~9하

서식 시베리아 동북부, 몽고 북동부, 중국 동북부, 인도차이나반도, 인도, 필리핀, 대만에서 번식하고, 겨울에는 동남아시아에서 호주까지 월동한다. 국내는 매우 드물게 통과하는 나그네새이다. 해안가의 풀밭, 하천, 농경지에서 서식한다.

행동 작은 무리를 이루어 행동한다. 날면서 파리목, 벌목의 곤충을 잡아먹으며, 간혹 풀줄기 및 땅위에 앉아 있는 먹이도 잡는다. 경쾌하고 빠르게 날아가는 모양이 제비와 유사하다. 아침 저녁으로 활발히 움직이며 낮에는 휴식을 취한다.

특징 날개는 폭이 좁으며 길어 꼬리뒤로 돌출된다. 몸윗면은 어두운 회갈색이며 날개는 검은색이다. 비상시 허리가 흰색으로 보인다. 부리는 검은색이며 기부가 붉은색이다. 가슴과 배는 크림색이며 아랫배는 흰색이다. 멱은 흐린 황백색이며 가장자리에 검은 선이 있다. 비상시 아랫날개덮깃이 오렌지색이다.

겨울깃 몸윗면은 전체적으로 어두운 흑갈색을 띠며 깃가장자리는 매우 흐린 때문은 흰색이다. 부리기부의 붉은색이 흐리다. 이마에서 뒷머리까지 검은

제비물떼새과

색 반점이 흩어져 있다. 턱은 흐린 황백색이며 주변에 검은 반점이 흩어져 있다. 가슴과 배의 크림색이 매우 연하다.

어린새 몸윗면의 깃가장자리는 흰색이며 그 안쪽에 검은 무늬가 있다. 턱은 때묻은 흰색이며 옆목과 가슴에 흑갈색 줄무늬가 있다.

닮은종 Pratincole *G. pratincola* 남아시아에서 서식하는 종으로 제비물떼새와 매우 비슷하지만 갈라진 꼬리길이가 길어 날개길이와 거의 같은 길이이다.

성조 여름깃 5월 7일 전남 흑산도

성조 여름깃 5월 2일 전남 흑산도

성조 여름깃 5월 하남시 미사리

성조 여름깃 5월 9일 경기도 여주

장소	날짜
특이사항	

111 흰죽지꼬마물떼새 *Charadrius hiaticula*
Common Ringed Plover　　　　　　　　L19cm

겨울깃　8월 16일 충남 홍성

4초~4하
8초~9하

서식 꼬마물떼새 번식지보다 위쪽인 동부캐나다, 그린란드, 유라시아대륙 북부의 툰드라에서 번식하고 유럽, 아프리카, 서아시아에서 월동한다. 국내는 매우 드문 나그네새이다.

행동 갯벌, 매립지 등 물가에서 먹이를 찾는다(꼬마물떼새는 자갈이 있는 하천에서 먹이를 찾는다).

특징 부리가 뭉툭하고 매우 짧다. 부리기부는 오렌지색이며 끝은 검은색이다. 눈앞에서 뺨, 귀깃이 검은색이며, 다리는 오렌지색이다. 가슴에 폭넓은 검은 줄무늬가 있으며, 비상시 날개에 흰줄무늬가 보인다. 눈테가 없거나 희미하게 보인다. 첫째날개깃이 셋째날개깃보다 길다.

겨울깃 얼굴과 가슴의 검은 부분이 약간 엷은 색으로 변한다. 가슴의 검은 줄무늬는 중앙부에서 끊어지듯이 엷어진다.

부리 완전히 검은색 또는 아랫부리기부가 엷은 오렌지색이 남아 있다. 다리색은 약간 엷어진다.

어린새 부리가 뭉툭하고 짧다. 몸윗면에 비늘무늬가 있다.

닮은종 꼬마물떼새 황색 눈테가 뚜렷하다. 부리가 가늘다.

물떼새과

겨울깃 8월 16일 충남 홍성

1회 여름깃 4월 1일 충남 홍성 ⓒ김신환

겨울깃 8월 16일 충남 홍성

성조 여름깃 4월 14일 충남 서천

겨울깃 8월 16일 충남 홍성

꼬마물떼새 7월 14일

장소	날짜
특이사항	

112 꼬마물떼새

Charadrius dubius
Little Ringed Plover

L16cm

성조 ♂ 여름깃 4월 21일 하남시 미사리

3중~9하

서식 북반부의 아한대, 한대, 열대와 뉴기니에서 번식하고, 아프리카, 인도, 동남아시아에서 월동한다. 지리적으로 3아종으로 나눈다. 국내는 흔한 여름철새로 찾아온다.

행동 3월 중순에 찾아와 하천, 자갈밭, 매립지의 풀이 작고 모래와 자갈이 많은 곳에서 생활하며 주로 곤충을 먹는다. 종종걸음으로 빠르게 달려가다가 갑작스럽게 멈추고 먹이를 잡아먹는다. 둥지는 자갈밭에 만들고 4개의 알을 낳으며, 포란기간은 24~25일이다. 둥지 근처에 침입자가 나타나면 날개를 늘어뜨리고 소리를 지르며 불구가 된 것처럼 행동하는 '의상행위'를 한다.

특징 황색의 눈테가 뚜렷하여 다른 종과 구별된다. 부리는 흰목물떼새보다 짧으며 아랫부리기부에 폭 좁은 오렌지색을 띤다. 눈앞, 머리위, 귀깃, 가슴에 검은색 무늬가 있다.

겨울깃 황색의 눈테가 뚜렷이 보인다. 눈앞, 귀깃, 가슴의 검은 무늬가 옅은 색으로 변한다.

어린새 성조 겨울깃과 비슷하지만 몸윗면에 비늘

무늬가 있다. 눈테는 성조보다 엷은 황색이다. 머리는 등과 거의 같은 색으로 균일한 색이며 깃끝이 엷은 색이다. 이마는 흰색 바탕에 엷은 황갈색이 섞여 있으며 눈썹선은 거의 없는 듯하다.

닮은종 흰죽지꼬마물떼새 황색 눈테가 없다. 부리가 두껍고 뭉툭하다. 다리는 오렌지색이다. 여름깃은 부리기부는 오렌지색이며 끝은 검은색이다. 비상시 날개에 흰색 줄무늬가 뚜렷하다. 겨울깃은 얼굴과 가슴의 검은 부분이 약간 엷은 색으로 변한다. 부리는 검은색을 띠며 아랫부리기부에 엷은 오렌지색이 남아 있다.

성조 여름깃 5월 3일 경기도 여주

성조 여름깃 3월 30일 하남시 미사리

성조 ♀ 여름깃 4월 21일 하남시 미사리

어린새 9월 27일 전남 흑산도

장소	날짜
특이사항	

113 흰목물떼새

Charadrius placidus
Long-billed Plover

L20.5cm

성조 여름깃 3월 8일 경기도 여주

1초~12하

서식 우수리지방, 중국 동북부, 한국에서 번식하고, 중국 남부와 인도 북부에서 월동한다. 국내는 다소 흔한 텃새이다. 강가의 모래밭, 자갈밭에서 번식한다.

행동 꼬마물떼새와 비슷한 환경에서 생활하지만 모래, 자갈이 보다 많은 하천, 강가에서 서식한다. 단독 또는 작은 무리를 이루는 경우가 있다. 둥지는 자갈밭을 오목하게 파며 4개의 알을 낳으며 암수교대로 24~28일 동안 포란한다.

특징 꼬마물떼새와 비슷하지만 크기가 크며, 부리는 가늘고 길다. 아랫부리 기부가 엷은 색이다. 눈테는 노란색으로 매우 약하다. 눈앞의 검은색은 흰물떼새보다 흐리다. 머리위, 귀깃에 검은 줄무늬가 있으며, 가슴의 검은 줄무늬는 중앙부에서 약하다.

겨울깃 여름깃과 비슷하다. 귀깃과 가슴의 검은 무늬가 매우 연한 색으로 변한다.

어린새 성조 겨울깃과 비슷하지만 몸윗면에 비늘

무늬가 있다. 꼬마물떼새보다 부리가 길고 가늘다.

닮은종 꼬마물떼새 황색 눈테가 뚜렷하다. 부리가 가늘다. 눈앞과 눈뒤의 검은색이 진하다.

성조 여름깃 5월 13일 경기도 여주

1회 겨울깃 12월 8일 전남 흑산도

성조 겨울깃 1월 경기도 탄천

3월 9일 경기도 여주

어린새 5월 27일 경기도 여주

장소	날짜
특이사항	

114 흰물떼새

Charadrius alexandrinus
Kentish Plover
L17.5cm

성조 ♂ 4월 18일 충남 천수만

3하~10중

서식 북반부의 온대지역과 남미 서안에서 번식하고, 겨울에는 남쪽으로 이동한다. 지리적 분포에 따라 5아종으로 나누며, 국내는 *dealbatus*와 *alexandrinus* 2아종이 서식하는 것으로 판단된다. 국내는 흔한 나그네새이다. 일부는 염전주변의 모래밭, 자갈이 있는 휴경지, 낙동강 하구에서 번식하고, 일부는 월동한다. 쇠제비갈매기와 함께 집단번식한다.

행동 염전, 간조시 갯벌, 바닷가의 모래밭 둥지에서 생활한다. 매우 빨리 걸어가다가 갑자기 멈추어 무척추동물을 잡아먹고, 다시 재빨리 달려가 먹이를 잡는 행동을 반복한다. 둥지는 모래땅을 오목하게 파고 한배에 3개를 낳아 암수가 교대로 포란한다. 알은 엷은 갈색에 검은 무늬가 있다.

특징 머리위는 적갈색이며 이마위에 검은 무늬가 있다(머리위의 적갈색의 밝기는 개체 또는 계절에 따라 차이가 심하다). 윗가슴옆의 검은 무늬는 앞가슴까지 연결되지 않는다. 검은 눈선은 다른 종보다 폭이 좁다. 다리는 핑크빛이 도는 검은색이다.

암컷 앞이마에 검은 무늬가 없거나 매우 엷으며 눈선은 갈색이다. 머리위에 적갈색 기운이 없고 단지 갈색을 띤다. 가슴옆의 줄무늬도 갈색이다.

어린새 머리를 포함하여 몸윗면에 깃가장자리가 엷은 색으로 비늘무늬를 이룬다. 가슴옆의 갈색 줄무늬가 매우 짧다.

성조 ♀ 5월 하남시 미사리

성조 ♂ 3월 29일 전남 흑산도

6월 충남 천수만

♀ 5월 하남시 미사리

어린새 8월 2일 제주도

장소	날짜
특이사항	

115 왕눈물떼새

Charadrius mongolus
Lesser Sand Plover

L19.5cm

성조 ♂ 여름깃 5월 하남시 미사리

4초~5하
7하~10중

서식 파미르, 티베트, 캄차카, 추코트반도에서 번식하고, 아프리카 동부, 인도, 동남아시아, 뉴질랜드, 오스트레일리아에서 월동한다. 지리적으로 5아종으로 나뉘며, 국내는 *mongolus*와 *stegmanni* 2아종이 기록되어 있다. 국내는 비교적 흔하게 통과하는 나그네새이다.

행동 해안의 사구, 갯벌, 염전 등지에서 생활하며 갯지렁이를 주식으로 한다. 흰물떼새 무리에 섞이는 경우도 많으며, 작은 무리를 이룬다.

특징 큰왕눈물떼새와 매우 비슷하다. 부리는 검은색으로 짧다. 다리는 어두운 녹색이다.

수컷 여름깃 이마위, 눈선, 귀깃이 검은색이다. 머리는 검은색이 있는 주황색이며 뒷목은 주황색이다. 이마, 턱밑, 멱이 흰색이다. 가슴의 오렌지색 무늬는 가슴옆까지 이어지며 흰색 멱과 만나는 지점에 가는 검은색 띠가 있다.

암컷 여름깃 귀깃이 수컷과 달리 엷은 검은색 또는 갈색이다. 가슴의 오렌지색이 엷고 폭이 좁다. 앞이마의 검은색 폭이 좁다.

겨울깃 전체적으로 주황색 기운이 없어지며 얼굴의 검은 무늬는 갈색으로 약해진다. 흰물떼새 암컷과 비슷하지만 뒷목에 흰색이 없다.

물떼새과

어린새 성조 겨울깃과 비슷하지만 몸윗면에 약한 비늘무늬가 있으며 가슴과 얼굴에 황갈색 기운이 있다.

닮은종 큰왕눈물떼새 몸이 크며 부리가 길다. 목이 길다. 다리가 길어 비상시 꼬리 뒤로 돌출된다. 다리 색이 옅다.

흰물떼새 몸이 작고 부리가 가늘다. 뒷목이 흰색이다.

성조 ♂ 여름깃 5월 하남시 미사리

성조 겨울깃 9월 10일 전남 흑산도

성조 겨울깃 8월 31일 충남 유부도

성조 ♀ 여름깃 5월 14일 전남 목포

어린새 9월 10일 전남 흑산도

장소	날짜
특이사항	

116 큰왕눈물떼새 *Charadrius leschenaultii*
Greater Sand Plover   L21.5cm

성조 ↑ 여름깃 4월 8일 전남 하태도 ⓒ김성현

4초~5하
8초~9하

서식 투르크메니스탄, 중앙아시아에서 번식하고, 아프리카 동부 해안, 인도, 동남아시아, 뉴기니, 오스트레일리아에서 월동한다. 지리적으로 3아종으로 나눈다. 국내는 매우 희귀하게 왕눈물떼새 무리에 섞여 찾아온다.

행동 해안 사주, 하구, 삼각주 등지에서 생활하며 작은 게와 곤충류를 먹는다.

특징 왕눈물떼새와 비슷하지만, 부리와 다리가 길다(다리는 엷은 색이다). 이마위, 눈앞, 귀깃이 검은색이다(암컷은 수컷보다 검은색이 엷다). 뒷목에서 앞가슴까지 주황색이다(주황색은 가슴옆까지 다다르지 않는다).

겨울깃 머리와 가슴의 주황색이 갈색으로 변한다. 다리와 부리가 긴 것으로 왕눈물떼새와 구별된다.

어린새 성조 겨울깃과 비슷하다. 몸윗면의 깃가장자리가 황갈색으로 비늘무늬가 있으며 왕눈물떼새보다 뚜렷하게 보인다. 부리가 길다.

닮은종 왕눈물떼새 가슴의 주황색이 가슴옆까지 다다른다. 부리, 목, 다리가 짧다. 다리가 검은색으로 보인다.

물떼새과

겨울깃 8월 12일 전남 흑산도

겨울깃 8월 12일 제주도

겨울깃 8월 12일 전남 흑산도

성조 ♂ 여름깃 4월 8일 전남 하태도 ⓒ김성현

큰왕눈물떼새 겨울깃

왕눈물떼새 겨울깃

장소	날짜
특이사항	

117 검은가슴물떼새 *Pluvialis fulva*
Pacific Golden Plover

L24cm

겨울깃에서 여름깃으로 깃털갈이 중   5월 7일   전남 흑산도

4초~5초
8중~10하

서식 유라시아 북부, 알래스카 서부에서 번식하고, 인도, 동남아시아, 오스트레일리아, 뉴기니에서 월동한다. 국내는 흔히 통과하는 나그네새이다.
행동 논, 갯벌에서 작은 무리를 이루며 갯지렁이나 곤충의 유충을 잡아먹는다.
특징 American Golden Plover와 비슷하다. 셋째날개깃이 길어 첫째날개깃 2~3장만이 돌출되어 보인다. 비상시 겨드랑이와 날개아랫면은 회갈색이다 (흰색을 띠지 않는다).
여름깃 몸윗면은 황갈색에 검은색과 흰색 무늬가 섞여 있다. 몸아랫면은 검은색이다. 이마에서 눈썹선, 옆목을 따라 옆구리까지 흰색이 이어진다. 아래꼬리덮깃에 검은색 얼룩이 있다.
겨울깃 얼굴은 흐린 황갈색이며, 몸윗면은 흑갈색에 노란색과 흰색 무늬가 있다. 몸아랫면은 다소 어두운 흑갈색을 띤다.
어린새 성조 겨울깃과 비슷하지만 전체적으로 황갈색 무늬가 많다.
닮은종 개꿩 몸윗면에 황색 반점이 없으며 흰색 반점이 많다. 옆구리가 검은색이다. 비상시 날개에 흰색 줄무늬가 있으며 허리가 흰색으로 명확히 보이며, 옆구리 위에 검은색의 큰 반점이 있다.

물떼새과

American Golden Plover *P. dominica* 날개깃이 길다(첫째날개깃 4~5장이 돌출되어 보인다). 다리가 짧다.

겨울깃 1월 강원도 속초

10월 강원도 속초 ⓒ김수만

6월 하남시 미사리

성조 겨울깃 4월 10일 전남 흑산도

어린새 9월 22일 전남 흑산도

장소	날짜
특이사항	

118 개꿩

Pluvialis squatarola
Grey Plover
L29.5cm

성조 여름깃 9월 30일 충남 유부도

8초~5하

서식 유라시아 북부, 북미 북부에서 번식하고 아프리카, 인도, 동남아시아, 오스트레일리아, 남미해안에서 월동한다. 봄·가을 서해안 갯벌을 흔하게 통과한다. 적은 수가 낙동강, 순천만 등 남해안 하구 갯벌에서 월동한다.

행동 주로 갯벌에서 작은 무리를 이루어 생활하거나 도요 무리에 섞여 먹이를 찾으며, 움직임이 약간 느긋하다.

특징 검은가슴물떼새와 비슷하지만 몸윗면에 흰색과 검은색 반점이 흩어져 있다. 부리가 크다. 가슴옆부분의 흰색 반점이 비교적 넓다. 비상시 겨드랑이 위의 검은 반점은 다른 닮은종과 구별되는 특징이다.

암컷 몸윗면에 갈색 기운이 약하게 있고, 몸아랫면의 검은색 부분에 흰색이 불규칙하게 섞여 있다.

겨울깃 몸윗면은 전체적으로 옅은 흑갈색에 흰색 반점이 흩어져 있다(여름깃보다 흰색 반점이 작다). 가슴에 가는 갈색 줄무늬가 있다.

어린새 성조 겨울깃과 비슷하지만 몸윗면의 검은색과 흰색 반점이 더 크고 명확하며 톱니모양처럼 보인다. 가슴과 옆구리에 가는 세로줄무늬가 뚜렷하다.

닮은종 검은가슴물떼새 몸윗면은 황갈색에 검은 무늬가 있다. 허리가 황갈색이다.

물떼새과

겨울깃 4월 17일 전남 흑산도

성조 겨울깃 3월 10일 충남 유부도

여름깃에서 겨울깃으로 깃털갈이 중 9월 충남 유부도

어린새 10월 15일 충남 유부도

8월 23일 충남 천수만

어린새 12월 강원도 강릉

장소	날짜
특이사항	

119 댕기물떼새

Vanellus vanellus
Northern Lapwing

L30cm

성조 겨울깃 2월 강원도 청초호

11초~3하

서식 유라시아대륙의 중위도 지역에서 번식하고, 유럽 남부, 아프리카 북부, 중국 남부, 한국, 일본에서 월동한다. 국내는 비교적 흔한 겨울철새이다. 보통 작은 무리를 이루어 논, 저수지, 하천에서 월동한다.

행동 주로 곤충류와 갑각류를 먹는데 발로 지면을 쳐서 먹이를 유인하여 밖으로 나오게 한 후 잡는다.

특징 머리는 흑갈색이며, 뒷머리에 검은색 깃이 길게 위로 치솟아 있다. 몸 윗면은 녹색의 광택이 있다. 비상시 첫째날개깃 가장자리에 흰색 무늬가 있으며 허리가 흰색이다. 수컷 여름깃의 턱밑은 검은색이며, 암컷 여름깃의 턱밑은 흰색이다.

겨울깃 얼굴의 흰색부분에 갈색 기운이 있으며 턱이 흰색으로 바뀐다. 날개덮깃에 폭좁은 황갈색 무늬가 있다.

어린새 뒷머리에 돌출된 깃이 성조보다 작다. 검은색의 가슴깃 가장자리에 흰색 무늬가 섞여 있다. 날개덮깃과 몸윗면의 깃가장자리에 황갈색 무늬가 있다.

물떼새과

겨울깃 11월 충남 천수만

겨울깃 1월 경남 주남저수지

미성숙 개체 11월 충남 천수만

1월 경남 주남저수지 ⓒ김수만

겨울깃 2월 경기도 탄천

장소	날짜
특이사항	

120 민댕기물떼새

Vanellus cinereus
Grey-headed Lapwing

물떼새과
L35.5cm

성조 여름깃 4월 24일 전남 홍도

3중~5하
10월

서식 몽골 동부, 중국 동북부에서 번식하고, 중국 남부, 인도네시아 북부에서 월동한다. 일본의 혼슈에서는 텃새로 정착한다. 국내는 이동시기에 서해안 일대의 논, 개울가의 풀숲에서 매우 희귀하게 관찰된다.
행동 논, 습지의 풀밭에서 생활하며 곤충

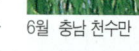

6월 충남 천수만

류, 지렁이를 즐겨 먹는다. 번식 후에는 작은 무리를 이룬다.
특징 가슴에 검은 무늬가 있다. 몸윗면은 회갈색이며 배는 흰색이다. 홍채는 붉은색이며 눈테는 노란색이다. 부리는 노란색이며 끝이 검다. 비상시 첫째날개깃은 검은색, 둘째·셋째날개깃이 흰색이다. 꼬리는 흰색이며 끝에 폭 넓은 검은색 띠가 있다.
겨울깃 가슴의 검은 반점이 여름보다 작다.
어린새 몸윗면의 깃가장자리가 흐린 갈색으로 비늘무늬를 이룬다. 홍채가 어두운 색이다. 가슴의 검은 반점이 매우 흐리고 불명확하다.

121 큰물떼새 *Charadrius veredus* Oriental Plover 물떼새과 L25cm

성조 ♂ 여름깃 4월 10일 전남 흑산도

4하~5초

서식 시베리아, 몽고, 중국 북부의 한정된 지역에서 번식한다. 국내는 매우 희귀하게 통과한다.

행동 건조한 환경을 선호하여 매립지, 초지 등에서 생활한다. 한곳을 응시하고 있다가 급히 달려가 곤충류, 갑각류를 잡는 행동을 한다.

성조 ♂ 여름깃 4월 제주도 ⓒ강창완

특징 다리와 목이 길다. 비상시 날개아랫면 전체가 회갈색이다.
수컷 정수리에서 뒷목까지 회갈색이며 이마, 얼굴, 멱, 옆목은 흰색. 가슴의 오렌지색 밑에 폭넓은 검은색 띠가 있다. 다리는 살색 및 주황색이며 길다.
암컷 얼굴과 가슴이 전체적으로 오렌지색이다. 가슴에 검은 띠가 없다.
겨울깃 얼굴 주변과 귀깃이 갈색이다. 가슴의 오렌지색이 없어지고 엷은 황갈색으로 바뀐다.
어린새 성조 겨울깃과 비슷하지만 몸윗면의 깃가장자리가 황갈색으로 비늘무늬가 있다. 가슴의 황갈색이 성조 겨울깃보다 약하다.

122 흰눈썹물떼새

Charadrius morinellus
Eurasian Dotterel

물떼새과
L20~22cm

어린새 9월 30일 충남 천수만

9월

서식 영국 북부에서 스칸디나비아반도, 북시베리아에서 추코츠키반도의 북극권, 카자흐스탄 동북부에서 중국 서북부일대에서 번식하고, 지중해 연안, 아프리카 북부에서 월동한다. 국내는 2005년 9월 30일 서산 간월호에서 어린새가 관찰되었다.

어린새 9월 30일 충남 천수만

행동 자갈과 키 작은 식물이 자라는 높은 산악지대의 평탄한 지역 또는 툰드라에서 번식한다. 이동시기에 주로 해안 근처의 초지, 농경지에서 관찰된다.
특징 엷은 황갈색의 긴 눈썹선이 뚜렷하며, 가슴에 흰색 줄무늬가 있다.
수컷 폭좁은 검은색과 폭넓은 흰색 가슴 줄무늬가 있다.
암컷 수컷보다 색이 더 선명하고 보다 작은 크기이다.
겨울깃 가슴은 회색으로 바뀌고 옆구리에 담황색을 띤다. 가슴에 폭좁은 흰색 줄무늬가 있다. 몸윗면과 날개덮깃은 어두운 회갈색이며, 깃가장자리를 따라 폭좁은 담황색을 띤다.
어린새 날개덮깃은 흑갈색이며, 등과 어깨깃 가장자리는 폭넓은 흰색이다.

123 누른도요

Tryngites subruficollis
Buff-breasted Sandpiper

도요과
L20cm

어린새 9월 2일 낙동강 신자도 ⓒ박중록

9월

서식 알래스카에서 캐나다에 이르는 북극권의 툰드라 초지에서 번식하며 아르헨티나의 초지에서 월동한다. 국내는 2007년 9월 2일 낙동강 신자도에서 어린새 1개체가 처음 관찰되었다.

행동 초지, 갯벌, 하구에서 서식한다. 이동시기에 골프장, 비행장 등 초지에서 주로 관찰되며 비교적 경계심이 없다. 빠르게 움직이며 조개류, 갑각류, 지렁이, 곤충의 유충을 먹는다.

특징 부리는 짧고 약간 아래로 굽었다. 수컷이 암컷보다 크다.

성조 머리에서 뒷목까지 황갈색이며 검은색 반점이 있다. 몸윗면은 흑갈색이며 깃가장자리가 황갈색이다. 얼굴과 몸아랫면은 거의 균일한 황갈색이며 아랫배부분이 엷다. 다리는 노란색이다. 가슴옆부분에 가는 검은색 반점이 있다. 목도리도요와 달리 비상시 날개덮깃과 꼬리깃에 흰색 줄무늬가 없다.

어린새 성조와 비슷하지만 전체적으로 황갈색이 연하며 날개덮깃에 비늘무늬를 이룬다.

장소	날짜
특이사항	

124 꼬까도요

Arenaria interpres
Ruddy Turnstone

L22cm

성조 ♂ 여름깃 5월 충남 천수만

4하~5하
8초~10중

서식 유라시아대륙 북부, 북미 북부의 툰드라지대에서 번식하고, 아프리카, 남아시아, 오세아니아, 중남미에서 월동한다. 국내는 봄·가을에 비교적 흔하게 통과한다.

행동 바위가 있는 해안, 갯벌, 하구, 염전에서 생활하며 갯지렁이, 곤충류, 게 등을 찾아낸다. 작은 무리를 이루어 생활하는 경우가 많지만 먹이를 찾을 때는 여기저기 흩어져 행동한다. 물가, 해초, 작은 돌을 부리로 들추어 속에 숨어 있는 곤충을 잡는다.

특징 다리가 짧고 땅딸막한 체형이다.

수컷 머리는 흰색에 검은색 줄무늬가 있다. 몸윗면은 밤색과 검은색이 섞여 있으며 비상시 날개에 뚜렷한 흰색 줄무늬가 있다. 등, 허리, 꼬리기부가 흰색으로 다른 종과 혼동이 없다.

암컷 머리에 갈색 기운이 강하고 몸윗면의 밤색 기운이 약하다.

겨울깃 얼굴에서 몸윗면까지 전체적으로 어두운 갈색 기운이 있다.

어린새 겨울깃과 비슷하지만 몸윗면은 적갈색 기운이 있으며, 깃가장자리가 엷은 색으로 비늘무늬를 이룬다.

도요과

성조 ♂(뒤), ♀ 8월 16일 충남 홍성

성조 ♀ 여름깃 4월 16일 전남 압해도

어린새 9월 5일 전남 목포

11월 강원도 속초

어린새 9월 5일 전남 목포

5월 충남 천수만

장소	날짜
특이사항	

125 좀도요

Calidris ruficollis
Red-necked Stint

L15cm

성조 여름깃 5월 16일 인천 영종도

4중~5하
8초~10하

서식 시베리아 북부의 타이미르반도, 레나천 하구, 베링해 연안, 알래스카 북서부에서 번식하고 동남아시아, 오스트레일리아, 뉴질랜드에서 월동한다. 국내는 흔하게 통과하는 나그네새이다.

행동 염전, 논, 갯벌에서 집단을 이루어 행동한다. 만조시에 갯벌이 사라지면 활기 있는 날갯짓으로 불규칙하게 날면서 염전과 논으로 이동하는데 보통 민물도요와 섞여 활동한다.

특징 부리가 짧으며 흑색의 다리를 가지고 있다. 첫째날개깃이 꼬리뒤로 돌출된다.

여름깃 몸윗면은 어깨깃까지 적갈색인 반면에 날개덮깃과 셋째날개깃은 다소 흐린 회갈색(작은도요처럼 적갈색이 아니다)이며 깃가장자리는 폭좁은 흰색이다. 셋째날개깃의 검은색 축반이 엷으며 깃가장자리와의 경계가 불명확하다.

겨울깃 작은도요와 구별이 힘들다. 몸윗면은 회갈색이며 깃축은 폭이 좁은 검은색이다.

어린새 성조와 비슷하지만 얼굴과 가슴에 적갈색이 거의 없다. 아래어깨는 검은색의 닻모양이 있으며 깃끝은 흰색이다. 날개덮깃과 셋째날개깃은 회갈색이다. 정수리에 흑갈색 줄무늬가 있다.

닮은종 작은도요 부리가 약간 가늘고 길다. 다리가 길다. 셋째날개깃의 검은색 축반이 진하며, 깃가장자리와의 경계가 명확하다. 여름깃은 턱이 흰색이다. 셋째날개깃의 깃가장자리가 적갈색이다. 겨울깃은 몸윗면의 갈색이 강하다.

흰꼬리좀도요 다리는 담황색 또는 황록색이다. 몸윗면의 회갈색이 진하다. 날개를 접었을 때 첫째날개깃 끝이 꼬리뒤로 돌출되지 않는다.

성조 여름깃에서 겨울깃으로 깃털갈이 중 8월 흑산도

어린새 10월 강원도 속초

어린새 8월 27일 전남 흑산도

8월 27일 전남 압해도

장소	날짜
특이사항	

126 작은도요
Calidris minuta
Little Stint
L14cm

성조 여름깃 5월 19일 전남 흑산도

5,10월

서식 스칸디나비아반도 북부, 시베리아 연안에서 번식하고, 아프리카, 남유럽, 아라비아반도, 인도해안에서 월동한다. 국내는 1996년 10월 12일 경기도 화성군 운평리 염전에서 1개체, 2005년 5월 19일 전남 대흑산도에서 1개체가 관찰된 미조이다.

행동 좀도요의 무리에 섞여 갑각류, 패류 등을 먹는 것으로 보인다.

특징 좀도요와 매우 비슷하다. 부리가 약간 짧고 약간 아래로 굽었다. 좀도요에 비해 부리끝이 더 뾰족하다. 몸이 약간 짧고 마른 느낌이다.

번식깃 얼굴, 등, 날개가 모두 적갈색이다. 멱이 흰색이다(좀도요는 적갈색). 셋째날개깃 가장자리가 적갈색이다.

겨울깃 좀도요와 매우 비슷하다. 몸윗면 회갈색이 좀도요보다 진하다. 어깨깃과 날개덮깃의 검은색 축반이 더 넓다. 가슴옆의 회갈색의 어두운 무늬가 좀도요보다 크다.

어린새 날개덮깃과 셋째날개깃은 검은색에 깃가장자리는 적갈색이다. 위쪽 어깨깃의 흰색 가장자리는 등과 만나는 곳에서 명확하게 V자 모양을 이룬다.

도요과

닮은종 좀도요 부리가 약간 크고 짧다. 다리가 짧다. 셋째날개깃의 흑색 축반이 엷고 깃가장자리가 엷은색이다.

성조 여름깃과 좀도요(우) 5월 19일 전남 흑산도

성조 여름깃 5월 19일 전남 흑산도

성조 여름깃 5월 19일 전남 흑산도

성조 여름깃 5월 19일 전남 흑산도

좀도요 5월 19일 전남 흑산도

장소	날짜
특이사항	

127 흰꼬리좀도요

Calidris temminckii
Temminck's Stint

L14.5cm

성조 여름깃 4월 27일 전남 가거도 ⓒ김성현

4중~5중
8중~10하

서식 유라시아대륙 북부 연안에서 번식하고, 아프리카 중부, 인도, 동남아시아에서 월동한다. 국내는 봄·가을 비교적 드물게 통과한다.

행동 물고인 논, 하천, 습지, 호수 등에서 생활하며 갯벌로 이동하는 경우는 거의 없다. 단독 또는 작은 무리를 이룬다. 습지에서 부리를 지면에 대고 쿡쿡 찌르며 곤충류의 유충, 조개류, 갑각류를 잡는다.

특징 여름깃 몸윗면은 회갈색 기운이 강하며 어깨깃은 엷은 적갈색과 검은색 무늬가 있다. 다리는 엷은 황록색이다. 가슴에 회갈색과 황갈색 기운이 있다. 외측꼬리깃은 흰색이다. 날개는 꼬리뒤로 돌출되지 않는다.

겨울깃 몸윗면은 균일한 회갈색이며 가슴은 어두운 회갈색 기운이 있다.

어린새 어깨와 날개덮깃 끝부분에 검은색 줄무늬가 있으며 깃가장자리는 흰색으로 비늘무늬가 있다.

닮은종 좀도요 몸윗면이 적갈색 기운이 강하다. 다리가 검은색이다. 날개는 꼬리뒤로 돌출된다. 외측꼬리깃은 회색이다.

도요과

성조 여름깃 4월 16일 전남 흑산도

겨울깃 10월 제주도 ⓒ강창완

성조 여름깃 4월 16일 전남 흑산도

성조 여름깃 4월 16일 전남 흑산도

어린새 10월 3일 전남 흑산도

어린새 10월 3일 전남 흑산도

장소	날짜
특이사항	

128 세가락도요

Calidris alba
Sanderling

L18cm

성조 겨울깃 10월 19일 충남 유부도

8초~5하

서식 시베리아 중부, 북미 북부, 그린란드의 북극해 연안에서 번식하고, 중동, 아프리카, 동남아시아, 오스트레일리아, 남미에서 월동한다. 국내는 봄·가을 이동시기에 무리를 이루어 흔히 통과하며 일부는 해안, 하구 등지에서 월동한다.

행동 해안의 모래밭, 갯벌, 하구에서 생활한다. 이동시기에 수십에서 수백 마리가 무리를 이루어 날아다니는 모습은 민물도요와 흡사하다. 여러 마리가 무리를 이루어 바닷물과 만나는 갯벌, 모래밭 등지를 빠르게 거닐며 조개류, 갑각류를 잡는다.

특징 여름깃 머리, 가슴, 몸윗면은 적갈색이다. 부리가 짧다. 다리는 검은색이며 짧고 뒷발가락이 없다.

겨울깃 몸윗면은 회백색으로 민물도요의 회갈색과 쉽게 구별된다. 익각부분에 검은 무늬가 있다.

어린새 익각부분에 검은 무늬가 뚜렷하다. 몸윗면은 흰색과 검은색의 복잡한 무늬가 흩어져 있다. 몸아랫면은 완전히 흰색이며 가슴옆에 갈색 기운이 있다.

도요과

닮은종 민물도요 겨울깃과 혼동되나 부리가 직선이며 어깨에 검은 무늬가 있다.
좀도요 몸이 더 작다. 뒷발가락이 있다. 익각부분에 검은 무늬가 없다. 겨울깃은 몸윗면이 회갈색으로 진하다.

성조 여름깃 5월 3일 강원도 강릉 ⓒ최순규

겨울깃에서 여름깃으로 깃털갈이 중 5월 강원도 양양

여름깃에서 겨울깃으로 깃털갈이 중 9월 1일 흑산도

어린새 9월 30일 충남 유부도

겨울깃 1월 강원도 속초

장소	날짜
특이사항	

129 종달도요

Calidris subminuta
Long-toed Stint

L14.5~16cm

여름깃 4월 충남 아산만

4하~5중
8초~9초

서식 시베리아 중부에서 캄차카반도에서 번식하고, 동남아시아, 오스트레일리아에서 월동한다. 국내는 나그네새로 흔하게 찾아온다.

행동 놀랐을 때 다른 도요보다 더 몸을 추켜세우는 동작을 한다. 물고인 습지와 논에서 작은 무리를 이룬다. 긴 다리를 약간 절며 꽁무니를 위로 향하게 하고 습지, 논을 거닐며 곤충류의 유충, 조개류, 갑각류를 먹는다.

특징 메추라기도요 축소판과 같다. 가늘고 짧은 부리(좀도요보다 가늘고 길다)는 아랫부리기부가 연한 색을 띤다. 다리는 황록색이다. 가슴옆은 다소 진하고 뚜렷한 줄무늬가 있다. 명확한 흰색 눈썹선이 있다. 앞이마의 검은 선은 부리기부까지 다다른다. 눈앞이 어두운 색이다. 비상시 발가락은 꼬리뒤로 약간 돌출된다.

겨울깃 몸윗면은 적갈색 기운이 사라지고 어두운 회색으로 변하며, 어깨깃에 깃축을 중심으로 폭넓은 검은색이 있다.

어린새 여름깃과 비슷하지만 가슴의 줄무늬가 가늘다. 등깃의 가장자리가 흰색으로 V자형을 이룬다. 흰색 눈썹선은 크고 여름깃보다 더 선명하다.

번식깃 정수리는 적갈색이며, 가는 검은 줄무늬가 있다. 몸윗면의 깃가장자

도요과

리는 적갈색이며 특히 셋째날개깃의 적갈색이 폭넓다. 여름깃이 마모되어서 등면이 검게 보이는 개체를 Least Sandpiper 로 잘못 동정할 수 있지만, 이 같은 개체는 이마 중앙이 검은색이며 가슴에 가는 세로줄무늬가 있다.

닮은종 메추라기도요 몸이 크다. 첫째날개깃이 길게 돌출된다.

여름깃 4월 충남 아산만

여름깃 4월 28일 전남 흑산도

5월 4일 인천 영종도

어린새 8월 26일 전남 흑산도

5월 4일 인천 영종도

장소	날짜
특이사항	

130 메추라기도요
Calidris acuminata
Sharp-tailed Sandpiper
L21.5cm

여름깃 5월 충남 삽교호

4중~5중
8하~9하

서식 시베리아 북동부에서 번식하고 뉴기니, 오스트레일리아, 뉴질랜드에서 월동한다. 국내는 봄·가을에 흔하게 통과하며 봄에 더 많은 수가 관찰된다.
행동 물고인 논, 습지에 내려 앉아 곤충류, 거미류를 주식으로 한다. 단독으로 움직이기보다는 무리를 이루어 이동한다. 갯벌로 이동하는 경우는 거의 없다.
특징 아메리카메추라기도요와 혼동된다. 여름깃 몸윗면은 적갈색 기운이 강하며 특히 머리에 붉은색이 강하게 보인다. 약간 아래로 향한 부리는 기부가 녹황색이다. 가슴의 줄무늬는 배까지 이어지며 옆구리에 V자 모양의 무늬가 있다. 아래꼬리덮깃 또한 일부 흑갈색 줄무늬가 있다. 흰색 눈썹선은 불명확하게 보인다.
겨울깃 여름깃과 비슷하지만 몸윗면에 적갈색 기운이 거의 사라진다. 몸아랫면의 줄무늬도 약해진다.
어린새 성조 여름깃과 비슷하지만 가슴과 옆구리에 V자형의 무늬가 없다. 특히 옆구리에 줄무늬가 없다. 가슴은 황갈색이 진하다.
닮은종 아메리카메추라기도요 몸윗면의 적갈색 기운이 적다. 가슴의 흑갈색 줄무늬와 배의 흰색부분과의 경계가 뚜렷하다. 부리가 길며 아래로 더욱 굽은 형태이다. 머리의 적색 기운이 적다.

여름깃 5월 충남 삽교호

여름깃 4월 충남 아산만

여름깃 4월 충남 아산만

여름깃 5월 충남 삽교호

아메리카메추라기도요 어린새 9월 천수만 ⓒ윤주문

장소	날짜
특이사항	

131 민물도요

Calidris alpina
Dunlin
L21cm

성조 여름깃 5월 4일 인천 영종도

7초~5하

서식 유라시아와 북미의 북극해 연안에서 번식하고, 중국 남부, 한반도 남부, 일본, 중동, 지중해 연안, 북미 동서해안에서 월동한다. 지리적으로 9 또는 10아종으로 나눈다. 국내는 흔하게 통과하는 나그네새이며 일부는 큰 무리를 이루어 해안가 사구, 하구에서 월동한다.

행동 해안의 갯벌, 염전, 논에서 생활하며, 흔히 큰 무리를 이루어 먹이를 찾는다. 비교적 빠르게 움직이며 조개류, 갑각류, 갯지렁이를 잡아먹는다.

특징 아종에 따라 부리길이와 몸윗면의 색이 다르다. 겨울깃은 붉은갯도요와 혼동될 수 있다.

여름깃 몸윗면은 적갈색이며 흑갈색 반점이 흩어져 있다. 배에 큰 검은색 반점이 있다. 부리는 길며 약간 아래로 굽어 있다. 비상시 날개위에 흰색 줄무늬가 뚜렷하다.

겨울깃 몸윗면은 전체적으로 회갈색이며 몸아랫면은 균일한 흰색이다.

어린새 몸윗면은 전체적으로 흑갈색이며 깃가장자리가 황갈색이다. 가슴에 엷은 갈색 기운이 있으며 가슴에서 배까지 줄무늬가 있다.

닮은종 붉은갯도요 겨울깃 부리가 길며 약간 더 아래로 굽은 형태이다. 비상시

도요과

허리의 흰색이 뚜렷이 보인다. 어린새는 가슴에 황갈색 기운이 강하고 등과 날개깃에 비늘무늬가 뚜렷하다.

성조 겨울깃 10월 18일 충남 유부도

1회 겨울깃 4월 16일 전남 압해도

겨울깃에서 여름깃으로 깃털갈이 중 4월 16일 압해도

어린새 12월 22일 강화도 ⓒ박건석

10월 18일 충남 유부도

장소	날짜
특이사항	

132 붉은가슴도요

Calidris canutus
Red Knot

도요과
L23.5cm

성조 여름깃 5월 제주도 ⓒ강창완

4중~5중
8중~10중

서식 시베리아 북부, 북미 북부, 그린란드에서 번식하고, 서유럽, 아프리카, 오스트레일리아, 남미에서 월동한다. 지리적으로 4아종으로 나눈다. 국내는 봄·가을에 비교적 적은 수가 무리를 이루어 통과한다.
행동 갯벌, 하구, 해안가 모래밭, 물고인 논에서 생활한다. 붉은어깨도요 무리에 섞여 이동하는 경우가 많다.

어린새 9월 제주도 ⓒ강창완

특징 약간 통통한 체형. 부리는 곧고 두꺼운 형태이며, 머리길이 정도이다.
여름깃 몸윗면은 흑갈색에 갈색 반점이 있으며 깃가장자리가 흰색이다. 얼굴에서 배까지 선명한 적갈색이다. 배아랫쪽에서 아래꼬리덮깃까지 흰색을 띠며, 흑갈색 반점이 있다.
겨울깃 몸윗면은 엷은 회갈색이며 깃축이 검고 깃가장자리는 흰색이다. 몸아랫면은 흰색이며 가슴옆과 옆구리에 반점이 있다.
어린새 겨울깃과 비슷하지만 등과 어깨는 깃가장자리에 검은색의 띠가 있고 깃끝이 흰색으로 비늘무늬가 있다.

133 붉은갯도요

Calidris ferruginea
Curlew Sandpiper

도요과
L21.5cm

여름깃에서 겨울깃으로 깃털갈이 중 9월 26일 전남 흑산도

4하~5중
8하~10중

서식 시베리아 북부에서 번식하고, 아프리카, 인도, 동남아시아, 오스트레일리아에서 월동한다. 국내는 봄·가을에 매우 드물게 통과한다.

행동 갯벌, 하구, 물고인 논, 습지에서 생활한다. 주로 갯벌의 물고인 곳이나 습한

겨울깃으로 깃털갈이 중 9월 흑산도

모래땅에서 바쁘게 돌아다니며 부리로 조개류와 갑각류를 잡으며 갯지렁이를 먹을 때는 가만히 서서 구멍에 부리를 넣어 꺼내먹는다.

특징 민물도요와 비슷한 형태이지만 부리는 길며 아래로 굽었다.

여름깃 머리에서 배까지 선명한 적갈색을 띤다.

겨울깃 몸윗면은 회갈색으로 민물도요 겨울깃과 비슷하지만 부리가 길며 아래로 굽었다. 다리가 길다.

닮은종 민물도요 겨울깃과 어린새는 부리가 짧고 아래쪽으로 덜 굽은 형태.

장소	날짜
특이사항	

134 붉은어깨도요
Calidris tenuirostris
Great Knot   L28cm

9월 30일 충남 유부도

4중~5하
8초~10중

서식 시베리아 북동부에서 번식하고 인도, 동남아시아, 오스트레일리아에서 월동한다. 국내는 봄·가을 이동시기에 큰 무리를 이루어 통과한다.

행동 갯벌, 해안의 모래펄, 물고인 논에서 생활한다. 항상 무리를 이루어 행동하며 단독으로 생활하는 경우는 거의 없다. 갯지렁이, 조개류, 갑각류 등을 먹는다.

특징 부리가 머리길이보다 길다. 여름깃의 몸윗면은 흑갈색이며 어깨에 적갈색 무늬가 있지만 먼거리에서 잘 보이지 않는다. 가슴에 검은 반점이 있다. 비상시 허리가 흰색이다.

겨울깃 몸윗면은 회색을 띠며 가슴과 옆구리에 검은색 무늬가 뚜렷하다.

어린새 몸윗면의 깃가장자리는 흰색이다. 어깨깃은 어두운 갈색으로 보이며 가슴의 검은 반점은 성조보다 약하다.

닮은종 붉은가슴도요 부리가 머리길이 정도로 짧다. 비상시 허리가 회색이다.

도요과

어린새 9월 5일 전남 목포

성조 여름깃 5월 제주도 ⓒ김수만

겨울깃에서 여름깃으로 깃털갈이 중 5월 충남 천수만

5월 충남 유부도

9월 30일 충남 유부도

10월 18일 충남 유부도

장소	날짜
특이사항	

135 넓적부리도요

Eurynorhynchus pygmeus
Spoon-billed Sandpiper　　　　　　L15cm

성조 여름깃　5월　낙동강　ⓒ최종수

4초~5하
9초~10하

서식 베링해 연안에서 번식하고, 인도 동부, 말레이반도, 중국 남서부에서 월동한다. 국내는 봄·가을에 극히 적은 수가 통과한다. 특히 가을 이동시기에 많이 관찰되는데 1999년 9월 28일 전북 동진강 하류에서 250개체가 관찰되기도 하였다.

행동 갯벌, 모래해안, 물고인 논, 습지에서 생활한다. 부리를 지면에 대고 좌우로 움직이며 수서곤충을 빨아들여 먹는 독특한 행동을 한다. 가을 이동시기에 민물도요, 좀도요 무리에 섞이는 경우가 많다.

특징 부리끝이 주걱모양으로 다른 종과 혼동이 없다. 머리에서 목까지 적갈색이다. 몸윗면은 적갈색에 깃가장자리가 황갈색을 띤다.

겨울깃 몸윗면이 전체적으로 회백색이며 몸아랫면은 흰색이다.

어린새 좀도요 무리에 섞여 있을 때 본 종이 흰색 기운이 많다. 몸윗면은 흑갈색이며 깃가장자리가 흰색이다. 흰눈썹선이 선명하다. 몸아랫면은 흰색이며 가슴옆에 엷은 갈색 기운이 있다.

실태 국제자연보전연맹의 적색자료목록에 취약종(VU)으로 분류되어 있는 국제보호조이다. 최근 번식지역 상실, 중간 기착지 및 월동지역의 서식지 파괴

도요과

등으로 개체수가 크게 감소하여 최대 생존 개체수는 200~300쌍 정도로 추정된다 (Birdlife International, 2007).

닮은종 좀도요 어린새 몸윗면의 깃가장자리에 흰색이 적다. 눈썹선이 불명확하다.

성조 겨울깃 9월 20일 충남 유부도

어린새 9월 15일 전남 흑산도

어린새 9월 16일 강원도 강릉 ⓒ최순규

어린새 9월 20일 충남 유부도

어린새 9월 20일 충남 유부도

장소	날짜
특이사항	

136 송곳부리도요

Limicola falcinellus
Broad-billed Sandpiper

L17cm

어린새 9월 3일 전남 흑산도

4월
8중~10중

서식 스칸디나비아반도 북부와 러시아 서북부, 시베리아 동북부에서 번식하고, 중동, 인도, 동남아시아, 오스트레일리아에서 월동한다. 지리적으로 2아종으로 나뉘며, 국내를 찾는 아종은 타이미르반도에서 콜리마강에 이르는 시베리아 동북부에서 번식하는 *sibirica*이다. 국내는 봄·가을 이동시기에 드물게 통과한다.

행동 갯벌, 하구, 모래갯벌, 물고인 논에서 생활한다. 단독 또는 작은 무리를 이룬다. 갑각류, 조개류, 곤충의 유충, 지렁이를 잡는다.

특징 연령에 관계없이 흰색 눈썹선과 머리옆선이 있다. 부리는 길고 폭이 넓으며 끝부분이 아래로 굽었다.

여름깃 몸윗면은 흑갈색이며 깃가장자리가 적갈색이다. 등에 V자형의 흰무늬가 있다. 가슴과 옆구리에 흑갈색 줄무늬가 뚜렷하다.

겨울깃 몸윗면은 회색이며 어깨깃에 검은색 축반이 있다. 날개덮깃 가장자리는 흰색이다. 가슴옆에 갈색의 작은 줄무늬가 있다.

어린새 성조 여름깃과 비슷하지만 등에 갈색 기운이 많고 옆구리에 흐린 황갈색 줄무늬가 있다.

도요과

닮은종 민물도요 어린새 크기가 크고 부리가 길다. 눈썹선이 불명확하며 흰색 머리옆선이 없다.

어린새 9월 11일 제주도

어린새 8월 25일 제주도

어린새 10월 충남 유부도

어린새 10월 충남 유부도

어린새 9월 10일 전남 압해도

장소	날짜
특이사항	

137 목도리도요

Philomachus pugnax
Ruff   ♂ L32cm ♀ L25cm

성조 ♂ 여름깃 5월 18일 충남 천수만 ⓒ김신환

4초~5초
9초~10중

서식 유라시아대륙 북부에서 번식하고, 아프리카, 중동, 인도, 오스트레일리아 남부에서 월동한다. 국내는 매우 드물게 통과하며 주로 어린새가 관찰된다.

행동 물고인 논, 습지, 하구, 갯벌에서 생활한다. 단독 또는 2~3마리의 작은 무리를 이룬다. 지렁이, 갑각류 등을 먹는다.

특징 암수 크기 차이가 심하다. 머리가 작고 목과 다리가 길다. 짧은 부리는 약간 아래로 굽은 정도이다. 다리 색은 적갈색, 오렌지색, 노란색으로 개체마다 다르다. 비상시 외측꼬리깃에 타원형의 흰색 반점이 보인다.

수컷 뒷머리와 목에 긴 장식깃이 있지만 개체에 따라 깃색(검은색, 적갈색, 흑색)과 형태가 다르다. 몸윗면은 흑갈색이며 깃가장자리가 흰색이다.

암컷 몸윗면은 흑갈색이며 깃가장자리가 흐린 갈색이다. 머리, 목, 가슴, 가슴옆에 흑갈색 반점이 흩어져 있다.

수컷 겨울깃 암컷 여름깃과 비슷하지만 전체적으로 엷은 색을 띤다. 앞목과 가슴에 갈색 반점이 매우 흐리다.

어린새 암컷 여름깃과 비슷하지만 전체적으로 황갈색을 띤다. 앞목과 가슴에

도요과

갈색 반점이 거의 없는 황갈색이다. 몸윗면의 깃가장자리가 황갈색으로 비늘무늬를 이룬다.

어린새 9월 14일 충남 천수만 ⓒ김신환

어린새 9월 9일 충남 천수만 ⓒ윤주문

어린새 9월 10일 전남 영암

어린새 9월 9일 충남 천수만 ⓒ윤주문

어린새 9월 14일 충남 천수만 ⓒ김신환

장소	날짜
특이사항	

138 학도요

Tringa erythropus
Spotted Redshank

L32.5cm

성조 여름깃 5월 7일 강화도 ⓒ이종렬

3중~5중
8중~10하

서식 유라시아대륙 북부에서 번식하고, 유럽 남부, 아프리카, 인도, 동남아시아에서 월동한다. 국내는 봄·가을 이동시기에 흔하게 통과하며 특히 봄에 작은 무리를 이루어 습지 및 논에서 생활한다.
행동 물고인 논, 습지, 하구, 갯벌에서 무리지어 생활한다. 약간 깊은 물 속에서도 먹이를 찾으며, 간혹 수영하며 물 속의 작은 물고기를 찾는다.
특징 부리와 다리가 길다. 어린새는 붉은발도요와 혼동된다.
여름깃 몸깃은 검은색을 띤다. 아랫부리 절반이 붉은색을 띤다. 몸윗면은 검은색이며 흰색 반점이 흩어져 있다. 가슴옆과 옆구리에 작은 흰색 반점이 있다.
겨울깃 전체적으로 회갈색을 띤다. 흰눈썹선이 있다. 몸윗면에 흰색 반점이 있으며 몸아랫면은 흰색으로 바뀌며 옆구리에 엷은 갈색 기운이 있다.
어린새 성조 겨울깃과 비슷하지만 등면이 더 어둡고 몸아랫면에 갈색 줄무늬가 뚜렷하다. 붉은발도요와 달리 아랫부리 절반이 붉은색이다.
닮은종 붉은발도요 어린새 부리가 짧으며 부리기부가 엷은 주황색이다. 비상시 둘째날개깃과 몸안쪽 첫째날개깃 끝이 흰색이다.

도요과

겨울깃 10월 9일 충남 천수만

겨울깃 9월 충남 천수만

성조 겨울깃에서 여름깃으로 깃털갈이 중 3월 15일 천수만

겨울깃 3월 28일 전남 흑산도

겨울깃 10월 충남 천수만 ⓒ김수만

어린새 9월 15일 전남 흑산도

장소	날짜
특이사항	

139 붉은발도요
Tringa totanus
Common Redshank   L27.5cm

성조 여름깃 5월 31일 인천 영종도

3중~10하

서식 유럽 동부에서 중앙아시아, 중국 북동부까지 번식하고, 아프리카, 중동, 인도, 동남아시아에서 월동한다. 지리적으로 6아종으로 나뉘며, 국내에 서식하는 아종은 시베리아 남부, 몽골 동부에서 러시아 극동일대에서 번식하는 *ussuriensis*이다. 국내는 봄·가을 이동시기에 흔하게 통과한다. 2002년 6월에 인천공항 배후 습지에서 번식이 확인되었다.

행동 물고인 논, 바위 해안, 염전, 갯벌에서 작은 무리 또는 다른 도요류 무리에 섞여 생활한다. 빠르게 걸어가면서 땅을 규칙적으로 찍으며 먹이를 찾는다. 염생식물 주변에 4개의 알을 낳아 23~24일 동안 포란한다.

특징 부리는 학도요보다 짧다. 기부가 붉은색이며 끝은 검다. 비상시 안쪽 첫째날개깃과 둘째날개깃 끝부분이 흰색으로 명확하게 보인다.

여름깃 몸윗면은 회갈색이며 검은색 반점이 흩어져 있다. 얼굴에서 아랫배까지 흰색 바탕에 검은색의 뚜렷한 줄무늬가 있다.

겨울깃 몸윗면은 엷은 갈색으로 바뀌며 얼굴에서 배

도요과

까지 검은색의 가는 반점이 있다. 부리색이 엷어진다.

어린새 성조 겨울깃과 비슷하지만 몸윗면의 깃가장자리는 황갈색이다. 부리기부는 엷은 주황색이다.

닮은종 학도요 어린새 부리가 길다. 아랫부리 절반이 붉은색이다.

성조 여름깃 5월 31일 인천 영종도

성조 여름깃 3월 15일 전남 흑산도

성조 여름깃 3월 15일 전남 흑산도

성조 여름깃 5월 30일 인천 영종도

어린새 6월 23일 인천 영종도

장소	날짜
특이사항	

140 쇠청다리도요
Tringa stagnatilis
Marsh Sandpiper
L25cm

여름깃 5월 7일 전남 흑산도

4하~5중
8중~10초

서식 유럽 남부, 중앙아시아, 중국 북동부에서 번식하고, 아프리카, 인도, 동남아시아, 오스트레일리아에서 월동한다. 봄·가을 이동시기에 적은 수가 통과한다.

행동 단독 또는 소수가 무리를 이룬다. 물고인 논, 습지, 갯벌에서 약간 부산하게 움직이며 먹이를 찾는다.

특징 부리가 길며 가늘고 직선이다. 다리가 길며 전체적으로 마른 듯한 체형이다.

여름깃 몸윗면은 검은색 무늬가 있는 회갈색이며 깃가장자리는 흰색이다. 머리, 목, 가슴은 흰색이며 검은색 반점이 흩어져 있다. 날개를 접었을 때 첫째날개끝은 꼬리끝에 닿는다.

겨울깃 몸윗면은 균일한 회색이며 깃가장자리가 흰색이다.

어린새 몸윗면은 갈색 기운이 강하며 깃가장자리가 흰색이다.

닮은종 청다리도요 부리가 두껍고 약간 위로 굽은 형태이다. 몸이 더 크다.

도요과

여름깃 5월 17일 전남 목포

여름깃 5월 충남 천수만

여름깃 5월 7일 전남 흑산도

여름깃 5월 6일 전남 흑산도

여름깃 5월 6일 전남 흑산도

어린새 9월 24일 전남 흑산도

장소	날짜
특이사항	

141 청다리도요

Tringa nebularia
Common Greenshank
L35cm

성조 여름깃 4월 22일 전남 흑산도

4중~5초
8중~10초

서식 유라시아대륙 북부에서 번식하고 아프리카, 인도, 동남아시아, 오스트레일리아에서 월동한다. 봄·가을 비교적 흔하게 통과하는 나그네새이다.

행동 물고인 논, 하천, 연못, 하구, 갯벌에서 생활한다. 작은 무리를 이루어 생활하는 경우가 많으며 물고인 습지에서 곤충류, 갑각류 등을 먹는다. 종종 얕은 물에서 부리를 약간 벌리고 물 속에 넣은 채 빠르게 달려가며 작은 물고기를 잡는 독특한 행동을 한다.

특징 부리는 쇠청다리도요보다 길고 두꺼우며 약간 위로 향해 있다. 다리는 녹황색이다. 몸윗면은 엷은 회갈색이며 깃가장자리가 흰색이다.

겨울깃 몸윗면은 균일한 회갈색이며 깃가장자리가 흰색이며 그 안쪽에 작은 검은 반점이 흩어져 있다. 어깨와 작은날개덮깃은 거의 같은 색이다. 셋째날개깃 가장자리에 어두운 반점이 흩어져 있다. 가슴의 줄무늬는 매우 약해진다.

어린새 겨울깃과 비슷하지만 몸윗면에 갈색 기운이 강하고 깃가장자리가 엷은 황갈색이 섞인 흰색이며, 그 안쪽으로 검은 반점 또는 검은 줄무늬가 있다. 어깨깃의 깃가장자리는 엷은 황갈색이다. 몸아랫면은 겨울깃과 비슷하

도요과

지만 옆목과 가슴옆의 줄무늬가 약간 진하며, 옆구리에 흐린 줄무늬가 있다.

닮은종 청다리도요사촌 부리기부가 굵다. 다리가 짧다.

성조 겨울깃 4월 22일 전남 흑산도

성조 여름깃에서 겨울깃으로 깃털갈이 중 9월 목포

1회 겨울깃으로 깃털갈이 중 9월 20일 전남 목포

성조 여름깃 4월 22일 전남 흑산도

어린새 10월 7일 전남 흑산도

장소	날짜
특이사항	

142 청다리도요사촌 *Tringa guttifer*
Spotted Greenshank   L31cm

1회 겨울깃 9월 30일 충남 유부도

4중~5중
8중~10중

서식 사할린 북동부와 오호츠크해와 접하는 극동러시아의 일부지역에서 번식하고, 말레이반도, 타이, 방글라데시에서 월동한다. 국내는 매우 드문 나그네새로 봄·가을 하구, 갯벌, 염전지역을 통과한다.

행동 모래톱 또는 갯벌의 물이 남아 있는 조수 웅덩이에서 빠르게 움직이며 게, 작은 어류, 연체동물, 애벌레 등을 먹는다. 잡은 먹이를 물고 안전한 곳으로 빠르게 이동하여 먹는 행동을 한다. 행동이 뒷부리도요와 비슷하다.

특징 크고 굵직한 부리가 특징이다. 부리는 약간 위로 향한다. 기부가 크고 약간 황색 기운이 있다. 다리는 약간 길고 황록색이다. 비상시 날개는 균일한 암갈색으로 보인다. 등, 허리가 흰색이다. 꼬리는 흰색에 회갈색의 가는 가로줄무늬가 있다. 날개아랫면은 흰색이다.

여름깃 가슴에 큰 검은색 반점이 흩어져 있다. 몸윗면은 흑색 기운이 강하고 흰색 반점이 흩어져 있다.

겨울깃 몸윗면은 회색이며 깃가장자리가 흰색이다. 작은날개덮깃은 어깨보다 진한 어두운 갈색이다. 가슴은 흰색에 가깝다. 어깨와 셋째날개깃에 비교적 큰 황갈색 반점이 흩어져 있다. 날개덮깃 가장자리가 흰색을 띠는 황갈

도요과

색이다.

실태 국제자연보전연맹의 적색자료목록에 멸종위기종(EN)으로 분류되어 있는 국제보호조이다. 최대 생존 개체수는 1,000마리 미만으로 추정된다.

닮은종 청다리도요 부리가 가늘다. 다리가 길어 비상시 꼬리 밖으로 길게 돌출된다. 비상시 날개아랫면에 작은 반점이 있어 청다리도요사촌처럼 희게 보이지 않는다.

1회 겨울깃 10월 19일 충남 유부도

10월 19일 충남 유부도

청다리도요 부리 형태

청다리도요사촌 부리 형태

장소	날짜
특이사항	

143 삑삑도요
Tringa ochropus
Green Sandpiper
L24cm

성조 여름깃 7월 9일 하남시 미사리

8중~5중

서식 유라시아대륙 북부에서 번식하고, 아프리카, 중동, 인도, 중국, 동남아시아에서 월동한다. 국내는 흔하게 통과하는 나그네새이며, 최근 일부가 번식함이 확인되었다.

행동 물고인 논이나 하천, 습지에서 생활한다. 단독으로 행동하는 경우가 많으며, 먹이를 찾아 천천히 이동하면서 끊임없이 꼬리를 까딱까딱 흔든다.

특징 다리는 어두운 녹색이다. 비상시 날개아랫면이 검게 보인다.

여름깃 몸윗면은 짙은 회갈색이며 작은 흰색 반점이 흩어져 있다. 머리에서 목까지 진한 회갈색 줄무늬가 흩어져 있다. 흰색 눈썹선은 눈앞에서 끝난다.

겨울깃 머리와 뒷목의 줄무늬가 없어져 갈색으로 바뀐다. 몸윗면은 흰색 반점이 매우 작아진다. 목과 가슴의 줄무늬가 여름깃보다 가늘지만 어린새보다 어둡게 보인다.

어린새 겨울깃과 비슷하지만 몸윗면에 흰색 반점이 보다 크다. 가슴의 줄무늬가 겨울깃보다 적다.

닮은종 알락도요 몸윗면의 흰색 반점이 크다. 다리는 황색 기운이 강하다. 비상시 날개아랫면이 흰색으로 보인다. 부리가 약간 짧다. 흰눈썹선은 눈뒤까지 이어진다.

도요과

성조 여름깃 7월 9일 하남시 미사리

성조 겨울깃 2월 1일 충남 보령

성조 여름깃 5월 하남시 미사리

8월 하남시 미사리

성조 여름깃 7월 9일 하남시 미사리

알락도요(좌)와 삑삑도요 3월 31일 전남 흑산도

장소	날짜
특이사항	

144 알락도요

Tringa glareola
Wood Sandpiper

L21~23cm

성조 여름깃 5월 7일 전남 흑산도

3하~5중
8초~9하

서식 유라시아대륙 북부에서 번식하고, 아프리카, 인도, 동남아시아, 오스트레일리아에서 월동한다. 국내는 흔하게 통과하는 나그네새이다. 특히 봄에 물고인 논에 많은 수가 찾아온다.

행동 물고인 논에서 큰 무리를 이루어 먹이를 찾는다. 바닷가로 이동하는 경우는 매우 드물다. 몸을 위아래로 까닥까닥 흔들며 흙 속에 숨은 곤충류, 연체동물, 갑각류를 잡는다.

특징 다리는 약간 길며 노란색이다. 비상시 날개아랫면은 흰색에 가깝게 보인다.

여름깃 몸윗면은 회갈색이며 큰 흰색 반점과 검은색 반점이 흩어져 있다. 흰 눈썹선은 눈뒤까지 이어진다.

어린새 어깨와 등에 갈색 기운이 강하며, 흰색 반점이 명확하다. 몸아랫면의 줄무늬가 흐리다.

닮은종 삑삑도요 몸윗면의 흰색 반점이 작다. 다리가 어두운 녹색이다. 비상시 날개아랫면이 검게 보인다.

도요과

1회 여름깃 7월 30일 전남 흑산도

성조 여름깃 5월 1일 전남 흑산도

성조 여름깃 6월 충남 삽교호

성조 여름깃 6월 충남 삽교호

성조 여름깃 5월 7일 전남 흑산도

어린새 5월 7일 전남 흑산도

장소	날짜
특이사항	

145 깝작도요

Actitis hypoleucos
Common Sandpiper
L20cm

성조 여름깃 3월 31일 경기도 여주

1초~12하

서식 유라시아대륙 북부와 중부에서 번식하고, 아프리카, 중동, 인도, 동남아시아에서 월동한다. 국내는 흔하게 통과하는 나그네새이며 많은 수가 번식하는 여름철새이다.

행동 해안가 습지, 하구, 개울에서 생활한다. 자갈밭 또는 나무뿌리의 오목한 곳에 둥지를 튼다. 밤색 점무늬가 있는 알을 4개 낳으며 20~23일간 포란한다. 단독으로 생활하며, 머리와 꼬리를 끊임없이 상하로 까딱이며 먹이를 찾는다.

특징 가슴옆의 흰색 무늬가 위쪽으로 어깨부분까지 이어진다. 비상시 날개에 큰 흰색 줄무늬가 보인다. 꼬리는 첫째날개깃 뒤로 길게 돌출된다.

여름깃 몸윗면은 녹갈색이며 깃가장자리에 흑갈색 무늬가 있다. 몸아랫면은 흰색이다. 가슴옆으로 폭넓은 갈색 무늬가 있으며, 폭좁은 흑갈색 줄무늬가 있다.

겨울깃 몸윗면은 보다 균일한 색으로 바뀌며, 가슴의 갈색 무늬 폭이 좁아진다(가슴 중앙까지 다다르지 않는다).
어린새 몸윗면에 황갈색과 검은 무늬가 섞여 있다. 날개덮깃의 무늬가 보다 선명하다. 셋째날개깃 가장자리를 따라 황갈색과 검은색 반점이 규칙적으로 흩어져 있다.

성조 여름깃 6월 충남 갑천

성조 겨울깃 1월 21일 전남 흑산도

성조 겨울깃 1월 14일 전남 흑산도

겨울깃 9월 5일 전남 목포

어린새 9월 25일 전남 흑산도

장소	날짜
특이사항	

146 노랑발도요

Heteroscelus brevipes
Grey-tailed Tattler

도요과
L25cm

성조 여름깃 5월 6일 전남 흑산도

4초~5하
8초~9하

서식 시베리아 동북부에서 번식하고, 동남아시아, 뉴기니, 오스트레일리아에서 월동한다. 국내는 흔히 통과하는 나그네새이다.
행동 갯벌, 하구, 하천, 물고인 논, 백사장에서 생활하며, 작은 무리를 이루어 곤충류와 갑각류를 잡아먹는다.

어린새 9월 18일 전남 홍도

특징 몸윗면은 진한 회갈색이며 흰눈썹선이 있다. 다리는 노란색이며 짧다.
여름깃 멱, 가슴, 옆구리에 흑갈색 물결무늬가 있다. 배중앙부는 폭넓은 흰색을 띠며, 아래꼬리덮깃은 흰색이며 매우 가는 반점이 있을 뿐이다. 아랫부리기부는 노란색을 띤다. 비상시 날개아랫면과 겨드랑이는 회흑색을 띠며, 흰색을 띠는 배와 뚜렷하게 구별된다.
겨울깃 몸아랫면에 줄무늬가 없어지며 가슴과 옆구리는 회색 기운이 있다. 흰색 눈썹선은 부리기부에서 눈뒤까지 길게 이어진다.
어린새 날개덮깃 가장자리에 작은 흰색 반점이 있다. 꼬리깃 가장자리를 따라 작은 흰색 반점이 흩어져 있다.

147 뒷부리도요

Xenus cinereus
Terek Sandpiper

도요과
L25.5cm

성조 여름깃 5월 전남 홍도

4하~5하
8초~10초

서식 유라시아대륙 북부에서 번식하고, 아프리카, 인도, 중동, 동남아시아, 오스트레일리아에서 월동한다. 국내는 흔하게 통과하는 나그네새이다.

행동 해안의 갯벌, 하구, 하천에서 생활하며 작은 무리를 이룬다. 주로 빠르게 걸어가며, 움직이는 먹이를 쫓아가서 잡아먹는다.

성조 5월 17일 전남 압해도

특징 긴 부리는 위로 굽었으며 기부가 엷은 주황색이다. 다리는 노란색이며 비교적 짧다.

여름깃 몸윗면은 회갈색이며 어깨깃 일부에 검은색 줄무늬가 있다.

겨울깃 어깨깃에 검은색 줄무늬가 거의 사라진다.

어린새 몸윗면에 갈색이 강하며, 깃가장자리가 황갈색으로 비늘무늬가 있다.

장소	날짜
특이사항	

148 흑꼬리도요

Limosa limosa
Black-tailed Godwit

L36.5~38.5cm

성조 ♂ 5월 4일 충남 천수만

4중~5하
8중~10중

서식 유라시아대륙 중부에서 번식하고, 아프리카, 유럽 남부, 인도, 동남아시아, 오스트레일리아에서 월동한다. 지리적으로 3아종으로 나눈다. 국내는 흔하게 통과하는 나그네새이다.

행동 물고인 논, 습지, 하구, 갯벌에서 생활한다. 무리를 이루어 먹이를 찾는다. 물고인 논에서 지렁이, 곤충의 유충을 먹으며, 염전, 갯벌에서 갯지렁이, 갑각류를 먹는다.

특징 다리와 부리가 길다. 긴 부리는 직선이며 끝부분을 제외하고 핑크색이다. 곧은 부리는 매우 약하게 위로 굽은 듯하게 보인다. 비상시 꼬리끝은 검은색, 기부는 흰색으로 다른 종과 쉽게 구별된다.

수컷 여름깃 몸윗면은 검은색과 적갈색의 반점이 있다. 머리에서 앞가슴까지 적갈색이다. 가슴, 배, 옆구리는 흰색 바탕에 폭넓은 검은 줄무늬가 있으며, 일부 적갈색 깃이 섞여 있다.

암컷 수컷보다 엷은 적갈색이다. 부리가 수컷보다 길다.

어린새 몸윗면은 흑갈색 기운이 강하며 깃가장자리가 황갈색을 띤다.

닮은종 큰부리도요 겨울깃 부리가 크며 전체적으로 검다. 뒷머리가 돌출된 듯

도요과

한 느낌이며, 목과 다리가 짧다. 몸윗면의 깃가장자리는 폭넓은 흰색이다. 비상시 꼬리가 검지 않다.

성조 ♀ 5월 충남 천수만

4월 30일 경기도 여주

어린새 9월 20일 전남 목포

여름깃 5월 충남 삽교호

5월 충남 천수만

장소	날짜
특이사항	

149 큰뒷부리도요
Limosa lapponica
Bar-tailed Godwit
L38.5~41cm

성조 여름깃 5월 충남 천수만

4초~5중
8초~9초

서식 유라시아대륙 북부, 알래스카 서부에서 번식하고, 유럽, 아프리카, 중동, 동남아시아, 오스트레일리아에서 월동한다. 지리적으로 3아종이 알려져 있다. 국내는 흔하게 통과하는 나그네새이다.

행동 해안의 백사장, 갯벌, 하구, 물고인 논, 하천에서 생활한다. 큰 무리를 이루며 우렁이, 지렁이, 수서곤충 등을 잡아먹는다.

특징 흑꼬리도요와 달리 비상시 허리와 아랫날개덮깃에 흑갈색 줄무늬가 있다.

수컷 부리와 다리가 길다. 부리는 위로 굽었으며 끝부분을 제외하고 핑크색이다. 얼굴에서 배까지 적갈색이다. 몸윗면은 흑갈색이며 적갈색 반점이 있다.

암컷 수컷보다 적갈색이 뚜렷이 적다. 겨울깃과 비슷하지만 몸윗면이 보다 어두운 색이다. 몸아랫면은 때문은 흰색이며, 목과 가슴에 엷은 핑크빛을 띤다.

겨울깃 몸윗면은 엷은 회갈색이며, 깃중앙에 흑갈색 줄무늬가 있다. 몸아랫면은 회백색이다.

어린새 겨울깃과 비슷하지만 몸윗면이 보다 어둡다. 어깨깃 가장자리가 황갈색을 띤다. 셋째날개깃은 검은색과 황갈색 무늬가 교차한다.

도요과

아종 국내는 *baueri*와 *menzbieri*가 통과한다. *baueri*(러시아 동쪽에서 알래스카)는 주로 봄철에 통과하며 날개아랫면, 허리, 위꼬리덮깃에 흑갈색 줄무늬가 흩어져 있다. *menzbieri*(러시아 중부지역)는 봄·가을에 통과하며, *baueri*와 *lapponica*의 중간 특성을 띤다. *lapponica*(러시아 서부)는 날개아랫면과 허리에 흰색을 띤다.

성조 ♀ 4월 16일 전남 압해도

겨울깃 4월 5일 전남 흑산도

어린새 10월 19일 충남 유부도

아종 *baueri* 4월 13일 전남 압해도

4월 27일 충남 유부도

장소		날짜	
특이사항			

150 긴부리도요

Limnodromus scolopaceus
Long-billed Dowitcher

도요과
L24~30cm

어린새 12월 16일 충남 간월호 ⓒ이도한

3, 4, 5, 10, 12월

서식 동부 시베리아, 알래스카 서해안에서 번식하고, 미국, 멕시코 해안에서 월동한다. 국내는 1999년 12월 16일 서산 간월호에서 처음 확인된 이후 낙동강 하구, 주남 저수지, 금강 등지에서 기록된 미조이다.

행동 바닷가의 갯벌보다 민물 또는 소금기 있는 물을 선호한다. 먹이 잡는 행동은 쟉도요류와 비슷하다.

성조 여름깃 5월 4일 천수만 ⓒ김주헌

특징 길고 곧은 부리. 황록색의 긴 다리. 비상시 둘째날개깃 끝에 흰색 줄무늬가 보인다. 허리에서 꼬리까지 검은색과 흰색 줄무늬가 있다(흰색 폭이 좁다).
여름깃 몸아랫면은 전체적으로 붉은색이며 앞가슴에 줄무늬가 있다.
겨울깃 몸윗면은 균일한 짙은 회갈색이며 머리에서 가슴까지 짙은 회갈색이다(가슴에 얼룩 또는 줄무늬가 거의 없다).
어린새 겨울깃과 비슷하다. 등과 어깨깃의 가장자리가 적갈색이며 가슴과 옆구리에 황갈색 기운이 있다. Short-billed D. *L. griseus*와 달리 셋째날개깃에 톱니모양이 없으며 전체적으로 어두운 갈색이다.

151 큰부리도요

Limnodromus semipalmatus
Asiatic Dowitcher

도요과
L33cm

어린새 9월 3일 전북 동진강 ⓒ김인철

5, 8, 9월

서식 러시아 오브강유역, 바이칼호 주변, 몽골, 중국 북동부에서 번식하고 인도, 인도차이나, 오스트레일리아에서 월동한다. 국내는 1993년 9월 3일 소래염전에서 어린새 1개체가 관찰된 이후 간월호, 동진강에서 관찰된 미조이다.
행동 갯벌, 하구, 물고인 논, 염전에서 생활한다.
특징 긴부리도요와 비슷하지만 부리가 크고 길며, 다리가 흑갈색이다.
여름깃 전체적으로 적갈색을 띤다. 머리, 뒷목, 등에 검은색 반점이 있다.
겨울깃 적갈색 기운이 없어지며 몸윗면은 회갈색이며 깃가장자리가 흰색으로 뚜렷하다. 목과 가슴에 가는 회갈색 줄무늬가 있다.
어린새 몸윗면은 흑갈색이며, 깃끝이 폭넓은 황갈색을 띤다. 날개덮깃은 어깨보다 밝다. 가슴은 흐린 황갈색을 띠며, 가는 줄무늬가 있다.
실태 국제자연보전연맹의 적색자료목록에 위기 근접종(NT)으로 분류되어 있는 국제보호조이다. 전세계 생존집단은 약 15,000~20,000개체로 추정하고 있다.

장소	날짜
특이사항	

152 쇠부리도요

Numenius minutus
Little Whimbrel/Little Curlew

L31cm

4월 27일 전남 가거도 ⓒ김성현

4하~5초

서식 시베리아 동부에서 번식하고, 뉴기니, 오스트레일리아에서 월동한다. 국내는 매우 희귀하게 통과하는 나그네새이다.

행동 농경지, 초지에서 생활한다. 무리지어 행동하는 습성이 있다. 벌, 등에 같은 곤충류를 먹는다. 먹이를 발견하면 천천히 접근하여 잡아먹는다.

특징 머리형태는 중부리도요와 매우 비슷하다. 부리는 머리길이의 1.5배 정도이며 아래로 약간 굽었다. 엷은 갈색의 머리중앙선이 있으며 흑갈색의 머리옆선이 있다. 눈썹선은 엷은 갈색이며 폭이 넓다. 몸윗면은 흑갈색이며 깃 가장자리가 황갈색이다. 중부리도요보다 몸아랫면이 흰색 기운이 강하다. 비상시 허리는 등과 거의 같은 색으로 보인다.

어린새 성조와 매우 비슷하여 구별이 어렵다. 가슴과 옆구리의 줄무늬가 성조보다 적다. 몸윗면의 큰날개덮깃은 어깨깃보다 약간 엷은 색을 띠는 듯하다.

닮은종 중부리도요 몸이 더 크다. 부리는 머리길이의 2배 정도로 길며, 아래로 굽은 정도가 더 크다. 눈썹선의 폭이 좁다. 비상시 허리가 흰색이다. 눈앞이 쇠부리도요보다 어둡다.

도요과

4월 25일 전남 흑산도

4월 26일 전남 홍도

4월 24일 전남 흑산도

5월 전남 비금도

4월 20일 전남 흑산도

4월 20일 전남 흑산도

장소	날짜
특이사항	

153 중부리도요
Numenius phaeopus
Whimbrel   L42cm

성조 5월 전남 홍도

4초~5하
8초~9하

서식 유라시아대륙 북부와 북미 북부에서 번식하고, 아프리카, 중동, 인도, 동남아시아, 오스트레일리아, 북미 남부, 남미에서 월동한다. 지리적으로 4아종으로 나누며 국내를 찾는 아종은 시베리아 동북부에서 동쪽으로 콜리마강까지 분포하는 *variegatus*이다. 국내는 비교적 흔하게 통과하는 나그네새이다.

행동 갯벌, 하구, 풀밭, 농경지에서 먹이를 찾는다. 무리지어 생활하는 경우가 많으며 곤충류, 게, 조개 등을 잡아먹는다.

특징 길고 아래로 굽은 부리는 머리길이의 2배 정도이다. 머리중앙선은 흰색이며 머리옆선은 흑갈색이다. 허리에 흰색 바탕에 흐린 갈색 줄무늬가 있다.
어린새 성조에 비하여 부리가 짧고 아래로 덜 굽었다. 어깨깃과 셋째날개깃 가장자리의 황갈색 반점이 성조보다 크게 보인다. 가슴은 성조보다 황갈색이 약간 강하고 줄무늬가 보다 흐리다.

닮은종 쇠부리도요 부리가 짧아 머리길이의 1.5배 정도이다. 허리가 어둡게 보인다.

아종 *N. p. variegatus*(러시아 동쪽지역) 등아래에서 허리까지 흰색 바탕에 흐

도요과

린 갈색 줄무늬가 있다. 날개아랫면은 흑갈색 줄무늬가 흩어져 있다.

N. p. phaeopus(러시아 서쪽지역) 등아래에서 허리까지 흰색이며, 날개아랫면은 대부분 흰색으로 보인다.

성조 5월 충남 천수만

성조 4월 27일 하남시 미사리

5월 충남 유부도

아종 *variegatus* 9월 5일 전남 목포

어린새 9월 20일 전남 목포

장소	날짜
특이사항	

154 마도요

Numenius arquata
Eurasian Curlew
L50~60cm

성조 10월 16일 충남 유부도

8초~4하

서식 유라시아대륙의 북부와 중부에서 번식하고, 유럽 남부, 아프리카, 중동, 인도, 동남아시아에서 월동한다. 지리적으로 2아종으로 나뉜다. 국내는 흔하게 통과하는 나그네새이며 일부가 하구, 바닷가 갯벌에서 월동한다.

행동 여러 마리가 무리를 이루는 경우가 많다. 게를 주식으로 하며 비교적 느리게 움직이며 먹이를 찾는다. 긴 부리를 게 구멍에 넣어 게를 잡은 후 다리를 절단하고 물에 씻어 먹는다.

특징 몸윗면은 흑갈색이며 깃가장자리는 황갈색과 흰색이다. 부리가 길어 머리길이의 3배 정도이며 아래로 굽었다(암컷이 수컷보다 길다). 배, 아래꼬리덮깃, 허리가 흰색이다. 꼬리는 흰색 바탕에 검은색 줄무늬가 있다. 비상시 날개아랫면이 흰색으로 보인다. 암컷이 수컷보다 크다.

어린새 알락꼬리마도요와 혼동하기 쉽다. 성조에 비하여 부리가 짧고 아래로 덜 굽었다. 몸윗면과 아랫면에 황갈색 기운이 강하다. 가슴과 옆구리의 세로 줄무늬가 약하고 흐리다.

닮은종 알락꼬리마도요 배와 아래꼬리덮깃이 엷은 갈색이다. 허리와 꼬리가 갈색이다. 비상시 날개아랫면이 흑갈색이다.

도요과

11월 충남 간월도

11월 충남 간월도

겨울깃 10월 19일 충남 유부도

10월 16일 충남 유부도

4월 14일 금강 하구

10월 18일 충남 유부도

장소	날짜
특이사항	

155 알락꼬리마도요 *Numenius madagascariensis*
Far Eastern Curlew   L58.5~61.5m

성조   10월 19일 충남 유부도

3초~5중
8초~10하

서식 시베리아 동북부, 중국 동북부에서 번식하고, 필리핀, 뉴기니, 오스트레일리아에서 월동한다. 국제적으로 희귀한 종이지만 국내는 비교적 흔하게 통과하는 나그네새이다.

행동 해안의 백사장, 갯벌, 하구, 물고인 논, 초지에서 생활한다. 주로 게를 먹으며 갑각류와 갯지렁이도 즐겨먹는다. 도요새류 중 크기가 가장 크고, 부리도 가장 길다.

특징 마도요와 비슷하다. 부리가 매우 길어 머리길이의 3배 정도이며 아래로 굽었다(암컷이 수컷보다 길다). 비상시 등과 허리는 적갈색을 띠는 회갈색이며, 날개아랫면은 흑갈색 줄무늬가 조밀하게 흩어져 있어 어둡게 보인다. 셋째날개깃의 검은 줄무늬 폭이 좁다.

겨울깃 몸윗면은 흑갈색과 황갈색 반점이 있다. 몸아랫면은 전체적으로 엷은 황갈색이며 갈색 줄무늬가 흩어져 있다.

여름깃 몸윗면의 깃가장자리에 적갈색 기운이 강하게 나타나며, 몸아랫면은 황갈색이 강하다. 얼굴과 옆목부분에 적갈색 기운이 있다.

어린새 성조 겨울깃과 매우 비슷하지만 부리가 짧고 아래로 덜 굽었다. 어깨

도요과

깃과 날개덮깃 가장자리에 황갈색이 강하다. 셋째날개깃의 검은 줄무늬 폭이 성조보다 넓다. 몸아랫면의 세로줄무늬가 약하고 흐리다.

실태 국제자연보전연맹의 적색자료목록에 위기근접종(NT)으로 분류되어 있는 국제보호조이다.

닮은종 마도요 배, 아래꼬리덮깃, 허리가 흰색이다. 비상시 날개아랫면이 흰색으로 보인다.

성조 10월 16일 충남 유부도

어린새 8월 27일 경북 울진

성조 11월 충남 천수만

성조 10월 18일 충남 유부도

장소	날짜
특이사항	

156 큰깍도요

Gallinago hardwickii
Latham's Snipe / Japanese Snipe   L30~33cm

성조 4월 17일 전남 홍도

서식 일본 혼슈 중부에서 북해도, 사할린 남부, 러시아 동남부 등 동북아시아의 일부지역에서 번식하고, 오스트레일리아 동부에서 월동한다. 국내는 매우 드문 나그네새이며, 일부가 강원도 강릉비행장 주변에서 번식할 것으로 추정된다. 2003년 5월 울릉도 나리분지에서 번식기에 내는 구애행동이 확인되었다.

행동 다른 깍도요와 달리 약간 건조한 초지에서 생활한다. 비행은 무겁게 느껴지고, 짧게 지그재그하면서 거의 직선으로 난다. 놀랐을 때 귀에 거슬리는 소리를 낸다.

특징 다른 깍도요류보다 크고 무겁게 보이며, 날개와 꼬리가 길다. 전체적으로 얼굴과 몸윗면이 다른 깍도요류보다 엷은 색을 띤다. 몸윗면의 깃끝이 흰색이 강하다. 셋째날개깃이 실질적으로 첫째날개깃을 덮는다. 꼬리는 접은 날개 뒤로 길게 돌출된다. 부리기부쪽의 흐린 눈썹선은 어두운 눈선보다 뚜렷하게 넓다. 비상시 발가락은 꼬리뒤로 약간 돌출된다.

아래 어깨죽지깃 바깥축 깃가장자리의 흰색 무늬는 깃 안쪽축까지 이어진다.
셋째날개깃의 가로줄무늬 갈색 선이 검은 선보다 넓다.

도요과

꼬리깃 16, 18장. 가장 바깥쪽에 위치하는 꼬리깃 폭은 4~6mm이며 그 안쪽은 6~8mm이다.

닮은종 꺅도요사촌 약간 작은 크기이다. 몸윗면의 날개덮깃이 큰꺅도요보다 흰색이 적고 갈색이 강하다. 보통 첫째날개깃이 셋째날개깃보다 길게 돌출된다. 꼬리깃은 18장, 20장 또는 22장이며 몸 바깥쪽의 폭이 큰꺅도요보다 약간 가늘다.

바늘꼬리도요 크기가 작고 부리 길이가 뚜렷이 짧다. 날개덮깃의 검은 무늬가 보통 둥그스름한 형태이다.

꺅도요 크기가 작다. 눈앞쪽의 흑갈색 눈선 폭이 넓다. 아래 어깻죽지깃의 바깥쪽 깃가장자리는 흰색이며, 안쪽은 갈색으로 색 차이가 명확하다. 비상시 둘째날개깃 끝이 흰색이다. 몸바깥쪽 꼬리에 바늘 형태의 꼬리깃이 없다.

성조 4월 17일 전남 홍도

성조 4월 18일 제주도 성산포 ⓒ김병수

꼬리 형태

장소	날짜
특이사항	

157 꺅도요사촌 *Gallinago megala* Swinhoe's Snipe L27~30cm

성조 5월 19일 전남 대흑산도

4중~5하
8중~9중

서식 시베리아의 중부에서 번식하고, 인도, 동남아시아, 오스트레일리아 북부에서 월동한다. 국내는 적은 무리가 통과하는 나그네새이다.

행동 습지, 논에서 서식하고 꺅도요 무리에 섞이는 경우가 있으나 꺅도요보다 동작이 느리고 날아오른 다음 지그재그 비상을 하지 않고 느리고, 무겁고 직선으로 날며 멧도요를 연상케 한다.

특징 다른 꺅도요류와 비슷해 구별하기 힘들다. 바늘꼬리도요와 비슷하지만 보다 크고, 부리가 길다. 눈앞의 엷은 눈썹선이 바늘꼬리도요만큼 넓지 않다. 머리의 가장 튀어나온 부분이 눈뒤쪽에 위치한다. 꼬리는 접은 날개 뒤로 길게 돌출된다. 다리가 다소 두껍고 노란색 기운이 많다. 비상시 발가락이 꼬리 뒤로 약간 돌출된다.

아래 어깨죽지깃 바깥축 깃가장자리의 흰색 무늬는 깃 안쪽축까지 이어진다.
셋째날개깃의 가로줄무늬 갈색 선과 검은색 선의 폭이 같거나, 검은색이 더 넓다.
꼬리깃 18장, 20장 또는 22장. 가장 바깥쪽이 위치하는 꼬리깃 폭은 3~4mm이다.

어린새 성조와 매우 비슷하다. 어깨와 등깃의 깃가장자리의 연한 무늬 폭이 성조보다 좁다.

닮은종 바늘꼬리도요 몸 크기가 작으며 부리 길이가 뚜렷이 짧다. 눈앞의 엷은 눈썹선이 넓다. 날개덮깃의 검은 무늬가 보통 둥그스름한 형태이다. 셋째날개깃의 가로줄무늬는 갈색 선이 검은 선보다 폭넓다.

4월 1일 전남 흑산도

어린새 9월 7일 경기도 ⓒ심규식

9월 7일 경기도 ⓒ심규식

성조 4월 13일 전남 대흑산도

꼬리 형태

장소	날짜
특이사항	

158 바늘꼬리도요

Gallinago stenura
Pintail Snipe

L24.5~26.5cm

어린새 9월 21일 경기도 ⓒ심규식

4중~5하
8초~9하

서식 시베리아의 동북부에서 번식하고, 인도, 동남아시아에서 월동한다. 국내는 비교적 흔한 나그네새이다. 종종 꺅도요 무리에 섞여 통과한다.

행동 보통 논에서 생활한다. 비행은 꺅도요보다 덜 변덕스럽다. 꺅도요보다 덜 습한 곳을 좋아한다.

특징 꺅도요사촌과 매우 비슷하지만 보다 작은 크기이며, 부리가 짧다. 눈앞의 눈썹선이 꺅도요사촌보다 폭넓다. 셋째날개깃이 거의 첫째날개깃을 덮는다. 꼬리는 접은 날개 뒤로 약간 돌출될 뿐이다. 비상시 발가락은 꼬리뒤로 명확하게 돌출된다.

아래 어깻죽지깃 바깥축 깃가장자리의 흰색 무늬는 깃 안쪽축까지 이어진다.
셋째날개깃의 가로줄무늬 보통 갈색 선이 검은색 선보다 넓지만 예외도 많다.
꼬리깃 24, 26, 28장.
어린새 성조와 매우 비슷하다. 몸윗면과 날개덮깃의 깃가장자리의 흐린 무늬 폭이 성조보다 좁다. 가운데날개덮깃의 흑갈색 무늬가 둥그스름한 형태이다.
닮은종 꺅도요사촌 부리길이가 바늘꼬리도요보다 길다. 눈앞의 엷은 눈썹선이 바늘꼬리보다 좁다. 꼬리깃은 18장, 20장 또는 22장이다. 셋째날개깃의 가로줄무늬는 검은색이 더 넓거나 갈색과 검은색이 같은 폭이다.

어린새 9월 23일 전남 흑산도

어린새 9월 3일 전남 흑산도

어린새 9월 23일 전남 흑산도

어린새 9월 16일 전남 흑산도

꼬리 형태

장소	날짜
특이사항	

159 깍도요

Gallinago gallinago
Common Snipe
L25~27.5cm

9월 8일 인천 영종도

8하~5중

서식 유라시아대륙의 북부와 북미 북부에서 번식하고, 유럽, 아프리카, 중동, 인도, 동남아시아, 북아메리카 남부에서 월동한다. 지리적으로 3아종으로 나눈다. 국내는 습지, 논, 개울가에서 볼 수 있는 흔한 나그네새이며, 일부가 월동한다.

행동 긴 부리를 이용하여 땅속의 먹이를 잡아낸다. 습지에서 먹이를 찾다가 사람이 접근하면 근거리에서 '꽥' 하며 날아올라 지그재그모양으로 비행한다. 이동철에는 작은 집단을 이루며, 습지에서 지렁이를 먹는다.

특징 길고 통통한 체형으로 바늘꼬리도요, 깍도요사촌 등과 혼동되기 쉽지만 비상 중에 둘째날개깃 끝에 흰색이 드러난다. 부리 기부쪽의 눈썹선의 폭이 좁으며, 흑갈색 눈선이 뚜렷하게 넓게 보인다. 첫째날개깃이 셋째날개깃보다 길다. 꼬리는 첫째날개깃보다 길게 돌출된다. 날개아랫면은 다른 종보다 흰색이 많다. 비상시 발가락은 꼬리뒤로 약간 돌출된다.
아래 어깻죽지깃 바깥축 깃가장자리는 흰색이며 안

도요과

쪽축은 갈색으로 명확하게 구분된다.
셋째날개깃의 가로줄무늬 검은 선이 갈색보다 넓다.
꼬리깃 14장(드물게 16장).
닮은종 꺅도요사촌 크기가 크다. 아래 어깻죽지깃의 바깥쪽 깃가장자리의 흰색 무늬는 깃 안쪽축까지 이어진다. 꼬리깃은 18장, 20장 또는 22장이다. 비상시 둘째날개깃 끝에 흰색이 보이지 않는다.
바늘꼬리도요 눈앞의 눈썹선이 폭넓으며, 부리기부쪽의 검은 눈선이 꺅도요보다 좁다. 꼬리에 바늘 형태의 깃이 있다. 날개덮깃의 검은 무늬가 둥그스름한 형태이다.

4월 14일 경기도 여주

4월 14일 금강

3월 13일 전남 흑산도

꼬리 형태

장소	날짜
특이사항	

160 청도요

Gallinago solitaria
Solitary Snipe

도요과
L30cm

1월 경기도 광릉

10초~4중

서식 동북아시아의 산림지대에 산발적으로 분포한다. 지리적으로 2아종으로 나누지만 명확한 근거가 부족하다. 바닥에 자갈이 있는 산간 계류, 철쭉류, 고산식물이 있는 초지에서 생활한다. 겨울에는 저지대로 이동한다. 국내는 매우 드문 나그네새인 듯하며, 드문 겨울철새이다. 경기도 광릉, 전북 내장산일대에서 서식하는 것으로 알려져 있다.

1월 경기도 광릉

행동 산간 계류에서 먹이를 찾아 조용히 움직인다. 낙엽과 비슷한 깃털색을 가지고 있어 찾기 매우 힘들다. 놀랐을 때는 짧은 거리로 이동하며, 비행은 무겁고 느린 듯한 느낌이 든다.

특징 다른 꺅도요류와 달리 전체적으로 어두운 갈색을 띤다. 셋째날개깃의 검은 선과 갈색 선은 폭은 거의 같다. 셋째날개깃이 첫째날개깃보다 약간 더 길다. 꼬리는 접은 날개 뒤로 명확하게 돌출된다. 연령구별에 대해 밝혀진 자료가 거의 없다.

161 멧도요

Scolopax rusticola
Eurasian Woodcock

도요과
L32~36cm

11월 3일 경희대 ⓒ김동현

9중~4중

서식 유라시아대륙의 북부와 중부에서 번식하고, 겨울에는 남쪽으로 이동한다. 국내는 상당수 통과하는 나그네새이며, 남부지방에서 월동한다.

행동 다른 갯도요류와 달리 습한 산림에서 생활한다. 비교적 어두운 숲에서 조용히 움직이기 때문에 관찰이 쉽지 않다. 사람이 접근하면 날개 소리를 내며 짧은 거리로 날아 도망간다. 숲속에서 지렁이를 먹는다. 부리를 땅속 깊이 파묻고 윗부리끝을 자유로이 앞뒤로 움직여 먹이를 찾는다. 단독으로 생활한다.

9월 제주도 ⓒ김은미

특징 통통한 체형이다. 정수리 뒤쪽으로 폭넓은 검은 줄무늬가 4열 있다. 머리가 크고 목이 짧다.

장소	날짜
특이사항	

162 지느러미발도요 *Phalaropus lobatus* Red-necked Phalarope L19cm

성조 ♀ 여름깃에서 겨울깃으로 깃털갈이 중   8월 3일   제주도

4초~5하
8중~9하

서식 유라시아대륙과 북아메리카의 북극해 연안에서 번식하고, 인도양, 남태평양, 페루의 먼바다에서 월동한다. 국내는 해상을 통과하는 나그네새이지만 보기 어렵다.

행동 번식기에는 툰드라의 습지에서 생활하고, 월동지에서는 육지에서 멀리 떨어진 해상에서 무리지어 생활한다. 해수면에 떠서 플랑크톤을 잡아먹는다.

특징 부리는 가늘고 뾰족하다. 암컷이 수컷보다 전체적으로 색이 진하다. 비상시 날개에 흰색 줄무늬가 있으며 허리가 검게 보인다. 눈위에 작은 흰색 반점이 있다.

수컷 암컷보다 색이 엷다. 이마에서 뒷목까지 회흑색이다. 몸윗면은 비교적 어두운 흑갈색이며 어깨깃에 적갈색 줄무늬가 있다. 멱은 흰색이며, 멱아래로 가슴에서 옆목을 따라 눈뒤까지 이어지는 엷은 등색 띠가 있다.

암컷 머리가 수컷보다 더 검다. 멱은 흰색이며 가슴에서 눈뒤까지 이어지는 등색 띠가 수컷보다 진하다. 어깨의 적갈색이 진하다.

겨울깃 몸윗면은 어두운 회색이며, 등에 흰색의 'V'자형 줄무늬가 있다. 검은 눈선은 눈앞보다는 눈뒤로 비교적 길게 이어진다. 정수리에서 뒷머리까지 검은 반점이 있다. 몸아랫면은 가슴옆의 흐린 재색을 제외하고 전체적으로 흰색이다.

깃털갈이 중인 어린새 겨울깃과 비슷하지만 몸윗면이 검은색깃이 많고 일부 회색깃이 섞여 있다. 어깨깃과 등깃의 가장자리가 엷은 황갈색이다.

닮은종 붉은배지느러미발도요 겨울깃의 경우 비상시 등과 허리가 밝은 회색으로 보인다.

1회 겨울깃으로 깃털갈이 중 5월 9일 전남 압해도

성조 ♀ 여름깃에서 겨울깃으로 깃털갈이 중 8월 제주도

성조 ♀ 여름깃에서 겨울깃으로 깃털갈이 중 8월 제주도

성조 ♀ 여름깃에서 겨울깃으로 깃털갈이 중 8월 제주도

장소	날짜
특이사항	

163 북극도둑갈매기

Stercorarius parasiticus
Arctic Skua/Parasitic Jaeger

도둑갈매기과
L46~67cm

어린새(중간형) 9월 15일 강원도 강릉

9, 10월

서식 유라시아대륙과 북미 북부에서 번식하고 비번식기에는 남으로 이동한다. 국내는 남서해안과 동해안의 먼 해상을 주기적으로 통과할 것으로 보인다. 1987년 9월 15일 경북 포항 앞바다에서 4개체, 2002년 9월초 강릉 연곡천에서 어린새 1개체, 2003년 10월말 소청도 주변에서 1개체가 관찰되었다.

행동 먼바다에서 생활하며 다른 도둑갈매기와 달리 먹이를 도둑질하기보다는 스스로 잡아먹는 경우가 많다.

특징 담색형과 암색형이 있다. 넓적꼬리도둑갈매기와 비슷하지만 보다 작고 머리의 검은색 부분이 더 적다.

담색형 몸윗면은 흑갈색이다. 이마에서 정수리까지 검은색이며 뒷목, 뺨, 멱 부분은 흰색 또는 연한 황색을 띤다. 몸아랫면은 흰색이며 가슴에 연한 흑갈색 띠가 있는 경우가 많다. 중앙꼬리깃이 뾰족하게 길게 돌출되었다. 부리는 검은색이다.

어린새(중간형) 몸윗면은 흑갈색이며 깃끝은 황갈색이다. 머리는 황갈색이며 흐린 흑갈색 줄무늬가 있다. 몸아랫면은 흑갈색과 황갈색의 줄무늬가 흩어져 있다. 중앙꼬리깃이 짧다. 비상시 첫째날개깃 기부에 흰색이 드러난다.

164 넓적꼬리도둑갈매기 *Stercorarius pomarinus* Pomarine Jaeger

도둑갈매기과
L65~78cm

성조 여름깃 11월 3일 소청도 ©Nial Moores/새와 생명의 터

3, 5, 9, 11월

서식 유라시아대륙과 북미의 북극권에서 번식하고 비번식기에는 남으로 이동한다. 국내는 봄·가을 남동해안과 서해안을 주기적으로 통과하는 듯하다. 1995년 11월 4일 부산 먼바다에서 10여 개체가 확인된 이후 최근 옹진군 소청도 주변에서 적은 개체가 통과하는 것으로 조사되고 있다.

행동 먼바다에서 생활하며 다른 해조류에 비해 높이 난다. 다른 조류로부터 먹이를 빼앗아 먹는 습성이 있다.

특징 담색형과 암색형이 있다. 북극도둑갈매기보다 크고 통통하다. 몸윗면의 흑갈색이 진하다. 이마에서 정수리까지 검은색이며 뒷목, 뺨, 먹부분은 연한 황색을 띤다. 여름깃은 중앙꼬리깃이 길게 돌출되어 수저와 같은 모양이다. 겨울깃은 머리와 가슴에 흑갈색 무늬가 섞여 있으며 꼬리가 짧다. 비상시 첫째날개깃 기부가 흰색이다. 부리기부는 흐린 살색을 띠며 끝은 검은색이다. **어린새** 북극도둑갈매기보다 작고 황갈색이 적으며 흑갈색이 강하다. 비상시 첫째날개깃 아랫면에 초승달모양의 흰색 반점이 2개로 보인다.

장소	날짜
특이사항	

165 큰검은머리갈매기 *Larus ichthyaetus* Great Black-headed Gull

L57~61cm

성조 겨울깃 12월 22일 전남 흑산도

2, 3, 4, 12월

서식 흑해, 카스피해 주변, 몽골 등지에서 국부적으로 번식하고, 홍해, 페르시아만 연안, 인도 연안에서 월동한다. 국내는 2002년 12월 1일 한강 중랑천 초입에서 처음으로 기록된 이후 낙동강 하구, 어청도, 흑산도, 한강, 고흥만 등 최근 관찰기록이 증가하고 있다.

행동 갯벌, 하구 등지에서 다른 갈매기류와 섞여 생활한다. 국내는 재갈매기 무리에서 확인된 바 있다.

특징 큰재갈매기보다 더 크다. 이마의 경사가 완만하고 부리가 길다. 눈 아래위로 흰눈테가 있다. 부리는 노란색이며 끝부분은 붉은색에 검은 반점이 있다. 다리가 노란색이다.

성조 여름깃 머리가 검은색이며 눈 아래위로 흰눈테가 뚜렷하다. 몸윗면은 엷은 청회색이다.

성조 겨울깃 귀깃에서 정수리부분까지 검은색이 남아 있으며 나머지 머리부분은 흰색을 띤다. 눈 아래위로 흰눈테가 뚜렷하다.

3회 겨울깃 성조 겨울깃과 비슷하지만 머리 주변의 검은 무늬가 약하며, 날개의 흰색 반점이 더 작다. 부리는 노란색이며 끝부분은 검다.

2회 겨울깃 부리와 머리는 3회 겨울깃과 비슷하다. 작은날개덮깃에 갈색 무늬가 있다. 첫째날개깃은 흰색 반점이 없는 흑갈색이다. 꼬리끝에 폭좁은 갈색 줄무늬가 있다.
1회 겨울깃 부리는 엷은 살색이며 끝이 폭넓은 검은색이다. 눈테가 흰색이며 얼굴과 뒷목 주변에 갈색 무늬가 있다. 날개덮깃과 셋째날개깃 일부가 흑갈색이다. 꼬리끝에 폭넓은 흑갈색 줄무늬가 있다. 비상시 날개 아랫면은 흰색을 띤다.

성조 여름깃 3월 12일 한강 중랑천

성조 겨울깃 1월 10일 한강 중랑천

성조 겨울깃 2월 5일 전남 흑산도

성조 여름깃 3월 12일 한강 중랑천

장소	날짜
특이사항	

166 붉은부리갈매기
Larus ridibundus
Black-headed Gull

L40cm

성조 여름깃 2월 부산 해운대

10초~4초

서식 유라시아대륙 북부, 영국, 아이슬란드에서 번식하고, 겨울에는 유라시아대륙과 아프리카의 적도 부근에서 월동한다. 지리적으로 2아종으로 나눈다. 국내는 하구, 항구에서 무리를 이루어 월동하는 흔한 겨울철새이다.

행동 날개를 신속히 움직이면서 수면 가까이 떠오르는 물고기를 폭격하듯 물속으로 잠입하여 잡거나, 수면 위에서 가볍게 낚아챈다. 검은머리갈매기가 물빠진 갯벌에 내려 앉아 게와 갯지렁이를 잡는 것과 차이가 있다.

특징 소형종이며 전체적으로 가느다란 체형이다. 비상시 외측 첫째날개깃이 흰색이며 첫째날개깃 끝부분이 검은색이다.

여름깃 머리는 갈색 기운이 있는 검은색이며 눈 위아래에 흰눈테가 있다. 몸윗면은 엷은 청회색이다. 부리는 가늘며 어두운 붉은색이다. 정지시 날개끝은 검은색이며 흰색 반점이 없거나 작게 보인다.

겨울깃 머리가 흰색으로 변하며 눈위와 귀깃에 흐린 검은색 줄무늬가 있다. 부리는 붉은색이며 끝

갈매기과

부분은 검은색이다(긴목갈매기보다 검은색 부분이 넓다).

1회 겨울깃 날개덮깃과 셋째날개깃에 갈색 반점이 있다. 꼬리 끝부분에 검은색 줄무늬가 있다. 부리는 오렌지색이며 끝이 검다. 다리는 오렌지색이다.

닮은종 검은머리갈매기 부리길이가 짧고 검다. 첫째날개깃에 흰색 반점이 규칙적으로 배열되어 있다.

성조 겨울깃 2월 충남 천수만

성조 겨울깃 1월 충남 천수만

1회 겨울깃 2월 강원도 속초

12월 충남 천수만

장소	날짜
특이사항	

167 검은머리갈매기 *Larus saundersi*
Saunders's Gull / Chinese black-headed Gull L32~34cm

성조 여름깃 6월 인천 영종도

1초~12하

서식 산뚱반도와 양쯔강 유역에서 번식한다. 국내는 겨울철새로 기록되어 있었으나 1999년 처음 번식이 확인된 이후 영종도, 송도에서 매년 번식하고 있다. 겨울에는 중국 남부, 대만, 베트남 북부, 남양만, 아산만, 금강 하구, 만경강 하구, 낙동강 하구, 순천만의 갯벌에서 월동한다. 국내 월동 개체수는 대략 1,500~3,000여 마리 정도로 추산된다.

행동 하구의 갯벌에서 생활한다. 게, 새우, 갯지렁이를 주식으로 한다. 칠면초, 해송나물, 갯개미취 등 염생식물이 자라고 있는 지역을 번식지로 한다. 둥지는 메마른 땅위에 마른 칠면초를 이용한다. 포란기간은 27~29일이며, 새끼가 어미와 같이 머무는 기간은 대략 29~32일 정도이다.

특징 붉은부리갈매기보다 소형이다. 몸윗면은 엷은 청회색이다. 부리는 짧고 검은색이다. 앉아 있을 때 날개에 흰색 반점이 명확하게 보인다. 비상시 날개윗면의 바깥쪽 첫째날개깃 끝에 검은 반점이 보이며 날개아랫면에 검은 반점이 있다.

갈매기과

여름깃 머리가 검은색이며 눈 위아래에 흰색 반점이 있다.

겨울깃 머리가 흰색으로 변하며 귀깃과 정수리부분에 검은 반점이 있다.

1회 겨울깃 날개덮깃과 셋째날개깃에 갈색 기운이 있다. 앉아 있을 때 첫째날개깃이 흑갈색으로 보이며 날개끝에 매우 작은 흰색 반점이 있다. 꼬리끝에 폭좁은 검은 띠가 있다. 비상시 붉은부리갈매기와 달리 첫째날개깃과 둘째날개깃 끝의 검은 줄무늬 또는 반점이 매우 작다.

실태 국제자연보전연맹의 적색자료목록에 취약종(VU)으로 분류되어 있는 국제보호조이다. 현재 생존 집단은 약 7,000마리 미만 정도로 추정된다.

1회 겨울깃 1월 금강

1회 겨울깃 1월 금강

1회 여름깃 6월 인천 영종도

어린새 6월 인천 영종도

장소	날짜
특이사항	

168 고대갈매기

Larus relictus
Relict Gull

L45.5cm

성조 여름깃 4월 14일 강원도 강릉 ⓒ최순규

11초~4중

서식 카자흐스탄 동부의 아랄콜호, 내몽골의 오르도스 고원, 러시아의 바룬-토레이호, 중국의 내륙 염호 등 매우 제한된 지역에서만 번식하고, 중국, 베트남, 한국에서 월동한다. 대부분 중국 북부 해안에서 월동하며, 겨울철 기상 악화시 한국을 포함하여 남쪽으로 이동하는 것으로 추정된다.

행동 검은머리갈매기와 달리 모래갯벌, 모래와 갯벌의 혼합갯벌을 선호한다. 주로 하구 외부쪽에서 확인되며 간혹 모래해변에서도 확인된다. 여러 마리가 무리를 이루는 경우가 많다. 다른 갈매기류와 달리 저수지 또는 강으로 이동하여 휴식하는 경우는 거의 없다. 주로 모래언덕 주변에서 곤충의 유충, 소형 어류, 게, 식물의 줄기 등을 먹는다.

특징 붉은부리갈매기와 비슷하지만 괭이갈매기와 거의 같은 크기이다. 머리가 각진 형태로 앞이마가 돌출된다. 다리는 약간 길며 퇴부부분까지 깃털이 덮여 있다. 갯벌에서 목을 세우고 직립형으로 걷는다. 몸윗면은 엷은 청회색이다. 앉아 있을 때 날개깃은 검은색에 깃끝에 3~4개의 큰 흰색 반점이 보인다.

여름깃 머리는 검은색이며 눈 아래위로 흰색 반점이 있다. 부리는 붉은색을 띠는 검은색이며 다리는 붉은색이다.

갈매기과

겨울깃 머리가 흰색이다. 귀깃과 머리 뒤쪽으로 불명확한 검은 반점이 흩어져 있다. 부리는 크고 짧으며 어두운 붉은색을 띤다.

1회 겨울깃 머리는 흰색이며 뒷목 주변에 엷은 흑갈색 반점이 흩어져 있다. 날개덮깃, 둘째날개깃, 셋째날개깃 끝이 암갈색이다. 부리는 검은색이며 기부가 엷은 색을 띤다. 꼬리끝에 검은색 테두리가 있다.

닮은종 붉은부리갈매기 몸이 작고 홀쭉한 체형이다. 부리는 가늘고 길다. 비상시 첫째날개깃의 검은색이 날개 끝에 치중되어 있고 작다. 먹이 잡는 방법과 서식지가 다르다.

실태 국제자연보전연맹의 적색자료목록에 취약종(VU)으로 분류되어 있는 국제보호조이다. 최대 생존 개체수가 약 2,500~10,000마리 미만으로 추정한다.

1회 겨울깃 경북 포항 ⓒ김성현

1회 겨울깃 낙동강 하구 ⓒ박중록

성조 여름깃 4월 14일 강원도 강릉 ⓒ최순규

장소	날짜
특이사항	

169 괭이갈매기

Larus crassirostris
Black-tailed Gull

L47~52.5cm

성조 여름깃 4월 5일 강원도 속초

1초~12하

서식 사할린, 쿠릴열도, 우수리 연안, 중국 남부, 한국, 일본 등지에서 번식하고, 겨울에는 번식지 주변 해역에서 월동한다. 국내는 육지에서 멀리 떨어진 독도, 경남 홍도, 칠산도, 난도, 신도, 석도, 비도 등에서 집단번식하는 흔한 텃새이다.

행동 해안, 항구, 하구 등지에서 생활하며, 대부분 큰 무리를 이룬다. 항구 주변 또는 어선 뒤를 따라다니며 생선 찌꺼기를 먹거나 수면 위로 떠오르는 어류를 잡는다. 번식기인 4월이 되면 무인도로 번식을 위해 떠난다. 2~3개의 알을 낳으며 포란기간은 24~25일이다.

특징 몸윗면은 진한 회색이며 날개는 검은색이다. 비상시 꼬리끝에 폭넓은 검은 띠가 있다. 부리는 노란색으로 끝에 붉은색과 검은색 반점이 있다. 다리는 부리와 같은 노란색이다. 겨울깃은 뒷머리와 뒷목에 갈색 무늬가 있다.
어린새 전체적으로 어두운 흑갈색이다. 날개덮깃을 포함하여 몸윗면의 깃끝은 연한 색으로 비늘무늬를 이룬다. 비상시 꼬리는 검게 보이며 꼬리기부와 허리가 흰색으로 보인다. 부리의 2/3는 살색이며 끝부분은 검은색을 띤다.
1회 겨울깃 어린새와 비슷하지만 보다 엷은 색을 띤다. 어깨깃은 회갈색이며

갈매기과

갈색의 가는 세로줄무늬가 있다.

2회 겨울깃 몸아랫면에 흐린 갈색이 섞여 있으며 몸윗면은 청회색이며 드물게 흐린 갈색이 있다. 날개덮깃의 일부는 청회색이며 일부는 갈색이다.

3회 겨울깃 부리가 녹회색을 띠며 큰 검은 반점 주변으로 붉은 반점이 없다. 날개덮깃에 갈색 기운이 있으며 첫째날개깃에 흰색 반점이 매우 작거나 보이지 않는다.

성조 6월 16일 강화 비도

1회 겨울깃 11월 22일 전남 홍도

2회 겨울깃 11월 22일 전남 홍도

성조 겨울깃 11월 22일 전남 홍도

어린새 8월 23일 전남 흑산도

장소	날짜
특이사항	

170 갈매기

Larus canus
Mew Gull
L45cm

성조 겨울깃 1월 22일 강릉 남대천

10하~3중

서식 유라시아 북부, 캐나다 서부, 유럽에서 번식한다. 북한에서는 흔하게 번식하는 텃새이다. 동해안은 흔한 겨울철새이지만, 서해안은 드물다.

행동 먼바다, 항구, 하구, 하천에서 생활한다. 큰 무리를 이루는 경우가 많다. 수면 위로 낮게 날다가 떠오르는 어류를 잡아먹는다.

특징 몸윗면은 괭이갈매기보다 옅은 색이다. 괭이갈매기보다 작고 다리와 부리 색깔이 연노랑이다. 부리가 가늘다. 첫째날개깃 끝은 검은색이며 삼각형 모양의 흰색 반점이 있다. 겨울깃은 머리와 목에 회갈색의 작은 반점이 많다.
여름깃 머리 전체가 흰색이다.
어린새 전체적으로 어두운 갈색이다. 등깃은 갈색이며 깃끝은 폭넓은 흰색이다. 부리는 기부를 제외하고 검은색이다.
1회 겨울깃 전체적으로 옅은 갈색이며 등에 청회색깃이 섞여 있다. 날개덮깃은 흐린 갈색이다. 셋째날개깃은 검은색이며 깃끝은 폭넓은 흰색이다. 부리는 핑크색이며 끝이 검다. 다리는 핑크색이다. 꼬리는 흰색이며 끝에 폭넓은 검은색 띠가 있다. 몸아랫면은 어린새보다 밝은 색으로 가는 갈색 무늬가 흩어져 있다.

갈매기과

2회 겨울깃 날개덮깃에 엷은 갈색깃이 섞여 있다. 부리 끝부분에 검은색 반점이 있다. 셋째날개깃은 검은색이며 깃끝부분은 폭넓은 흰색이다. 꼬리끝에 매우 가는 검은 띠가 있다.

3회 겨울깃 첫째날개깃의 흰색 반점이 성조보다 작다. 비상시 첫째날개덮깃에 작은 검은 반점이 있다.

성조 겨울깃 12월 24일 전남 홍도

2회 겨울깃 12월 전남 홍도

1회 겨울깃 1월 4일 전남 홍도

어린새 1월 4일 전남 홍도

어린새 12월 23일 전남 홍도

장소	날짜
특이사항	

171 재갈매기

Larus vegae
Vega Gull/East Siberian Gull

L55~67cm

성조 겨울깃 12월 19일 전남 흑산도

9초~4하

서식 러시아 동쪽의 추코트반도에서 서쪽의 타이미르반도까지 번식한다. 국내에서는 해안에서 쉽게 볼 수 있는 겨울철새이며, 특히 동해안에서 가장 흔하게 서식한다. 지리적으로 여러 아종이 있다.

행동 항구, 갯바위, 바닷가 모래밭, 하구에서 집단을 이루어 생활한다. 야간에 수면 위로 떠오르는 오징어를 잡아먹으며, 낮에는 항구에서 버린 생선이나 고깃배 뒤를 따라다니며 생선 등을 먹는다.

특징 개체에 따라 깃색과 체형이 복잡하게 나타나고 있어 야외에서 다른 아종과 구별이 매우 힘들다. 등은 엷은 청회색이다. 첫째날개깃 끝이 검은색으로 등과 색 차이가 명확하게 난다. 다리는 핑크색이다.

성조 여름깃 머리가 완전히 흰색이다.

겨울깃 머리에서 가슴까지 갈색의 작은 반점이 많다. 홍채는 노란색에서 암갈색으로 개체간 차이가 있다.

실태 지리적으로 여러 아종으로 분류하며 국내에서 월동하는 재갈매기 *L. vegae*, 노랑발갈매기 *L. mongolicus*는 과거에 폭넓게 Herring Gull *L. argentatus*로 취급하였으나 최근에는 별개의 종으로 분류하고 있다.

갈매기과

성조 겨울깃 10월 31일 강원도 속초

성조 겨울깃 12월 20일 전남 흑산도

성조 겨울깃 3월 10일 전남 홍도

성조 여름깃으로 깃털갈이 중 3월 9일 전남 홍도

성조 겨울깃 3월 9일 전남 홍도

12월 9일 전남 흑산도

장소	날짜
특이사항	

재갈매기

Larus vegae
Vega Gull

L55~67cm

어린새 12월 10일 전남 홍도

어린새 10월 31일 전남 흑산도

1회 겨울깃 3월 10일 전남 홍도

1회 겨울깃 3월 10일 전남 홍도

9초~4하

어린새 머리를 포함하여 전체적으로 노랑발갈매기보다 흰색 기운이 적고 어두운 회갈색을 띤다. 큰날개덮깃의 중간 중간에 많은 갈색 무늬가 있다(큰재갈매기는 보통 깃끝에만 무늬가 있다). 몸윗면의 갈색 무늬가 노랑발갈매기보다 크고 무늬가 다르다.

1회 겨울깃 어린새보다 회갈색이 엷어진다. 날개덮깃과 셋째날개깃은 어린새와 같지만 등깃의 갈색 무늬는 닻모양과 같다. 몸윗면은 노랑발갈매기보다 더 어둡다. 머리와 몸아랫면은 노랑발갈매기와 달리 연한 갈색이 섞여 있다. 비상시 꼬리끝의 검은 띠가 노랑발갈매기보다 넓다. 비상시 몸안쪽의 첫째날개깃과 몸바깥쪽의 첫째날개깃의 색 차이가 뚜렷하다.

갈매기과

2회 겨울깃 12월 11일 전남 홍도

2회 겨울깃 11월 26일 전남 흑산도

3회 겨울깃 4월 10일 전남 홍도

4회 겨울깃 11월 20일 전남 흑산도

2회 겨울깃 어깨와 등깃의 상당 부분은 성조와 같은 회색깃을 띠며 드물게 갈색깃이 섞여 있다. 날개덮깃의 갈색 무늬는 매우 가늘고 작다. 셋째날개깃은 대부분 갈색이며 깃끝부분이 흰색이다.

3회 겨울깃 어깨와 등깃은 성조와 같은 회색깃이며 날개덮깃의 상당 부분도 회색을 띤다. 셋째날개깃의 상당 부분이 회색이며 일부 갈색 무늬가 남아 있다. 부리는 핑크색이며 끝부분에 큰 검은 반점이 있다.

4회 겨울깃 부리끝에 검은 반점이 있는 것을 제외하고 전체적으로 성조와 같다.

장소	날짜
특이사항	

172 노랑발갈매기/한국재갈매기 *Larus mongolicus*
Mongolian Gull   L55~67cm

성조 여름깃 3월 9일 전남 홍도

9초~4초

서식 알타이 동남부에서 몽골 북부, 중국 동북부, 러시아 극동 등지에서 번식하고, 국내는 주로 서해안에서 월동한다. 최근 조사에 의하면 비무장지대 서해안의 일부 무인도에서도 적은 수가 번식한다.

행동 주로 한강 하구, 천수만 등 담수지역에서 많은 수가 관찰되며, 그 외에 해변가, 하구에서 재갈매기 사이에 적은 수가 섞여 활동한다. 작은 오리류를 공격하여 먹이를 빼앗아 먹기도 한다.

특징 재갈매기와 구별하기 매우 힘들다. 다른 아종과 달리 머리는 여름깃과 겨울깃 모두 흰색으로 갈색 줄무늬가 없는 것이 본 종의 특징이다. 그러나 일부 개체는 뒷목에 약간의 갈색 줄무늬가 있다. 일반화된 체형을 설명하긴 힘들지만 보통 부리가 길고, 앞이마가 길며, 날개가 길게 보인다. 머리 형태가 재갈매기처럼 둥글지 않고 약간 각진 형태가 많다. 다리는 엷은 핑크빛이다. 몸윗면은 재갈매기보다 약간 밝은 색이다. 크기는 재갈매기와 같다.

실태 노랑발갈매기는 재갈매기 서식지보다 남쪽에 분포하는 여러 집단 중 한 종으로 *L. cachinnans* 그룹으로 분류하

갈매기과

는 경향이 우세하였으나 최근에는 재갈매기의 아종보다는 별개의 종으로 보는 견해가 있다.

국명 다리색이 노란색을 띠지 않아 노랑발갈매기라는 국명은 다소 부적절하다. 또한 다리색이 노란색을 띠고, 등판색이 어두운 줄무늬노랑발갈매기와 혼동의 여지가 있으므로 한국재갈매기라는 국명이 더 적절해 보인다.

성조 여름깃 5월 9일 강화도 석도

성조 여름깃(좌), 재갈매기 3월 10일 전남 홍도

성조 겨울깃 12월 24일 전남 홍도

성조 여름깃 3월 9일 전남 홍도

성조 겨울깃 12월 30일 전남 홍도

장소	날짜
특이사항	

노랑발갈매기/한국재갈매기

Larus mongolicus
Mongolian Gull L55~67cm

어린새 8월 30일 몽골 ⓒ서한수

1회 겨울깃 12월 13일 전남 홍도

1회 겨울깃 1월 4일 전남 홍도

1회 겨울깃 12월 24일 전남 흑산도

9초~4초

어린새 전체적으로 재갈매기 어린새보다 흰색 기운이 강하다. 날개덮깃과 등의 갈색 반점이 재갈매기보다 작고 무늬가 다르다. 셋째날개깃의 갈색 무늬가 재갈매기보다 더 적고 흰색이 많다. 매우 이른 시기인 7~8월 사이에 어린새에서 1회 겨울깃으로 깃털갈이한다.

1회 겨울깃 재갈매기보다 전체적으로 흰색 기운이 강하다. 특히 머리는 갈색 줄무늬가 거의 없는 흰색이다. 앉아 있을 때 첫째날개깃 가장자리에 폭좁은 흰색이 드러난다(흰색이 없는 개체도 있다). 등에 닻과 같은 갈색 무늬가 있다. 날개덮깃에 갈색 반점이 작고 조밀하다. 몸아랫면도 흰색 기운이 강하다. 비상시 꼬리끝의 검은색의 폭이 좁으며 흰색과 경계가 뚜렷하다. 대부분 부리기부는 색이 연하며 나머지는 검은색이다.

갈매기과

1회 겨울깃 12월 11일 전남 홍도

2회 겨울깃 4월 10일 전남 홍도

3회 겨울깃 1월 28일 낙동강

4회 겨울깃 12월 30일 전남 홍도

2회 겨울깃 전체적으로 재갈매기보다 밝게 보인다. 어깨와 등깃의 적은 부분에 회색깃이 있으며 갈색의 닻모양의 깃이 남아 있다. 날개덮깃의 갈색 무늬는 재갈매기보다 조밀하지 않으며 뚜렷하다. 셋째날개깃은 흰색에 갈색 줄무늬가 있거나 재갈매기와 같은 특징을 보인다. 부리는 1회 겨울깃보다 핑크빛이 더 넓다.

3회 겨울깃 같은 연령의 재갈매기와 매우 비슷하며 갈색깃이 보다 적다. 성조 겨울깃과 비슷하지만 부리끝의 1/3 정도가 검은색이다. 어깨와 등깃은 성조와 같은 회색깃이다. 뒷목에 가는 갈색 줄무늬가 있다. 셋째날개깃의 안쪽은 검은색이며 끝부분은 폭넓은 흰색이다.

4회 겨울깃 비상시 몸바깥쪽의 첫째날개덮깃 일부에 검은 깃이 있다.

173 줄무늬노랑발갈매기 *Larus heuglini*
Taimyr Gull / Siberian Gull

L53~65cm

성조 겨울깃 *L. h. taimyrensis* 12월 9일 전남 흑산도

10초~4초

서식 서시베리아의 콜라반도에서 타이미르반도 남서부까지 번식한다. 국내는 드물게 찾아오는 겨울철새로 재갈매기 무리에 적은 수가 섞여 생활하는 경우가 많다.

행동 항구, 하구 모래밭 둥지에서 생활하는 경우가 많다.

특징 머리와 뒷목에 갈색 줄무늬가 뚜렷하다. 보통 크기가 재갈매기보다 작다. 다리는 노란색을 띤다. 다리와 부리가 짧게 느껴진다. 몸윗면은 노랑발갈매기보다 진하고 큰재갈매기보다는 엷은 색이 보통이지만 개체에 따라 차이가 있다. 앉아 있을 때 앞가슴이 볼록하게 튀어나온 느낌이다. 아랫부리의 붉은 반점이 크다. 비상시 날개끝에 흰색 반점이 1개로 보인다.

1회 겨울깃 보통 재갈매기보다 작은 크기이다. 머리를 비롯하여 전체적으로 밝게 보인다. 등의 갈색 반점이 재갈매기보다 적다. 특히 날개덮깃의 무늬는 균일하게 1개 또는 2개의 긴 점으로 이루어졌다(재갈매기는 작은 반점 3~4개가 나란히 줄지어 있다). 비상시 안쪽 첫째날개깃과 바깥쪽 첫째날개깃간의 색 차이가 거의 없다. 다리는 재갈매기와 같은 핑크빛이다. 보통 12~3월 사이에 어린새에서 1회 겨울깃으로 깃털갈이한다.

갈매기과

아종 *L. h. heuglini* 체구가 재갈매기보다 작다. 뒷머리에서 목에 있는 갈색 줄무늬가 가늘다. 몸윗면의 재색이 *taimyrensis*보다 진한 색으로 큰재갈매기와 거의 같은 농도를 띤다.

실태 과거 줄무늬노랑발갈매기(*heuglini* 와 *taimyrensis*)는 *L. fuscus* 또는 재갈매기의 아종으로 분류하였으나 최근 독립된 종으로 분류하고 있다. 본 종은 재갈매기보다 작으며 *L. fuscus*보다 약간 크다. 또한 아종 *taimyrensis*를 재갈매기와 Heuglin's Gull *L. heuglini*의 잡종으로 보는 견해가 우세하다.

성조 겨울깃 1월 20일 전남 흑산도, 재갈매기(좌)

1회 겨울깃 1월 4일 전남 홍도

1회 겨울깃 12월 19일 전남 흑산도

2회 겨울깃 12월 24일 전남 홍도

장소	날짜
특이사항	

174 큰재갈매기

Larus schistisagus
Slaty-backed Gull

L58~61cm

성조 겨울깃 1월 16일 강원도 속초

9중~4초

서식 캄차카에서 우수리일대 연안, 코르만스키에 제도, 쿠릴열도, 사할린, 북해도에서 번식하고, 겨울에도 번식지 주변과 중국 남부, 한국, 일본에서 월동한다.

행동 항구, 해안가에서 무리지어 생활한다. 주로 동해안의 항구 주변에 모여들어 버려진 생선 찌꺼기를 먹는다.

특징 몸윗면은 진한 회흑색이다. 첫째날개깃의 끝이 검은색으로 등과의 색 차이가 재갈매기처럼 심하지 않다.

어린새 재갈매기 어린새보다 엷은 회갈색을 띠며, 깃 무늬가 재갈매기보다 복잡하지 않다. 첫째날개깃이 재갈매기보다 엷다. 어깨와 날개덮깃의 흑갈색 반점이 재갈매기보다 엷다. 날개덮깃 무늬가 복잡하지 않다. 큰날개덮깃의 갈색 줄무늬는 깃끝 또는 가장 안쪽의 깃에 한정된다(재갈매기는 깃 중간 중간에 무늬가 흩어져 있어 2~3개의 줄을 형성하는 듯하다). 꼬리깃은 전체적으로 흑갈색을 띤다.

1회 겨울깃 때문은 흰색과 연한 회갈색을 띠고 있어 탈색된 듯한 인상을 준다. 어깨와 등깃의 깃 우축이 흑갈색을 띠거나, 재갈매기와 매우 비슷한 닻모양의 갈색 무늬를 띤다. 첫째날개깃과 셋째날개깃은 연한 흑갈색으로 재갈매기와 같은 검은색이 아니다. 재갈매기와 달리 큰 날개덮깃에 갈색 무늬가 매우 적거나, 거의 없는 균일한 색이다.

닮은종 재갈매기 등의 청회색이 엷다. 첫째날개깃 끝이 검은색으로 등과 색 차이가 명확하다.

1회 겨울깃으로 털갈이 중   12월 22일   강원도 주문진

1회 겨울깃   1월 4일   전남 홍도

2회 겨울깃   12월 22일   강원도 주문진

3회 겨울깃   3월 10일   전남 홍도

4회 겨울깃   11월 20일   전남 홍도

장소	날짜
특이사항	

175 수리갈매기

Larus glaucescens
Glaucous-winged Gull

L64cm

성조 겨울깃 1월 21일 경북 영덕 ⓒ김성현

11초~3중

서식 북미 서부와 알래스카 반도에서 번식하며 겨울철에는 번식지 남쪽으로 이동하여 남부 캘리포니아 해안까지 흔하게 볼 수 있는 대형 갈매기이다. 국내는 매우 드문 겨울철새이다.

행동 먼바다에서 먹이를 찾으며 항구, 바닷가 모래사장에서 다른 대형의 갈매기무리에 섞여 월동한다.

특징 몸윗면은 엷은 청회색이며 날개끝도 등과 같은 농도의 회색이다. 비상시 다른 갈매기류에 비해 날개가 짧고 폭이 넓어 보인다. 흰갈매기와 비슷하지만 부리가 흰갈매기보다 짧다. 아랫부리 끝부분이 볼록하게 두꺼워 부리끝이 육중해 보인다.

1회 겨울깃 전체적으로 회갈색 기운이 강한 갈색이며, 부리는 검은색이다. 첫째날개깃은 몸윗면의 색과 같다. 날개덮깃에 갈색의 가는 반점이 있다. 큰재갈매기 어린새와 혼동되기 쉽지만 큰재갈매기보다 더욱 균일한 깃털색을 가진다. 어깨에 닻과 같은 무늬가 거의 없다. 비상시 외측 첫째날개깃, 둘째날개깃, 꼬리깃이 동일한 색으로 보이며, 꼬리끝은 큰재갈매기처럼 검은 테두리가 없다.

2회 겨울깃 전체적으로 균일한 회갈색이다. 부리는 검은색이며 기부가 엷은색이다. 등과 어깨깃에 청회색깃이 약간 있다. 날개덮깃은 1회 겨울깃처럼 무늬가 없이 균일하다.

닮은종 흰갈매기 몸윗면은 엷은 회색이며, 날개끝이 흰색을 띤다. 아랫부리가 가늘다. 성조의 홍채는 노란색이다.

성조 겨울깃 1월 25일 경북 울진

3회 겨울깃 1월 26일 강원도 삼척

성조 겨울깃 2월 9일 강원도 속초

1회 겨울깃 1월 9일 강원도 속초 ⓒ양현숙

1회 겨울깃 2월 12일 강원도 주문진 ⓒ박주영

장소	날짜
특이사항	

176 흰갈매기

Larus hyperboreus
Glaucous Gull

L71cm

성조 겨울깃 1월 15일 강원도 강릉

11초~3하

서식 유라시아대륙과 북미의 북극권 해안, 그린란드, 아이슬란드에서 번식한다. 지리적으로 4아종으로 나눈다. 한국에 도래하는 아종은 대부분 *pallidissimus*이다. 국내는 과거에는 매우 드물었으나 최근 동해안에서 비교적 쉽게 관찰되는 겨울철새이다.

행동 다른 대형의 갈매기와 혼성하여 월동한다. 물고기를 잡아먹으며 주로 항구 주변에서 관찰된다.

특징 몸윗면은 흐린 회색이며 날개끝이 흰색을 띤다. 길고 육중한 부리, 긴 머리, 다소 평탄한 이마와 정수리, 비교적 작은 눈을 가진다. 홍채는 노란색이다. 앉아 있을 때 날개는 꼬리뒤로 짧게 돌출된다(돌출되는 정도가 부리 길이보다 짧다).

1회 겨울깃 전체적으로 때묻은 황갈색을 띠며 조밀한 갈색 줄무늬 또는 반점이 있다. 월동 중에 점차 갈색깃이 없어지고 흰색이 증가한다. 부리기부에서 2/3까지는 밝고 뚜렷한 핑크빛으로 부리끝의 검은색과 경계가 명확하다. 홍채는 흑갈색이다.

2회 겨울깃 전체적으로 흰색깃을 띠며 어깨깃과 날개덮깃 일부에 갈색깃이 있다. 홍채는 황백색이다.

아종 *L. h. barrovianus* 알래스카 북동부에서 번식하는 아종으로 크기가 매우 작다. 그러나 재갈매기보다 크다. 첫째날개깃이 약간 길다.

닮은종 작은흰갈매기 Iceland Gull *L. glaucoides* 재갈매기보다 작다. 흰갈매기에 비해 부리가 짧아 머리길이의 절반 길이이다. 머리 형태는 둥글며, 흰갈매기보다 큰 눈을 가진다.

3회 겨울깃 2월 11일 경북 포항

2회 겨울깃 1월 16일 강원도 속초

2회 겨울깃 2월 10일 경북 포항

1회 겨울깃 2월 강원도 속초

장소	날짜
특이사항	

177 세가락갈매기

Rissa tridactyla
Black-legged Kittiwake

L39cm

성조 겨울깃 1월 16일 강원도 속초

11중~4중

서식 유라시아, 북아메리카, 그린란드의 도서지방에서 번식하고, 북태평양, 북대서양, 북극해 주변의 먼바다에서 월동한다. 지리적으로 2아종으로 나눈다. 국내는 드문 겨울철새로 주로 동해안에서 월동한다.

행동 주로 먼바다에서 무리지어 먹이를 찾지만 적은 수가 항구, 바위절벽, 모래사장에 모여들어 휴식을 취하기도 한다.

특징 몸윗면은 청회색이며 뒷머리에 검은색 무늬가 있다. 비상시 날개끝이 검은색으로 삼각형을 이루며 꼬리는 가운데가 약간 오목하게 들어간 형태이다. 부리가 노란색이며 다리는 검은색으로 짧다.

1회 겨울깃 눈뒤와 뒷목에 폭넓은 검은 줄무늬가 있다. 바깥쪽 첫째날개깃 가장자리와 날개덮깃 일부가 검은색으로 비상시 'M'자 형태의 무늬가 있으며 꼬리끝이 검은색이다. 비상시 목테갈매기와 혼동하기 쉽다. 월동 중에 눈뒤와 뒷목의 검은 줄무늬가 점차 엷게 변하며, 날개덮깃의 흑갈색 무늬도 감소한다.

갈매기과

성조 겨울깃 1월 강원도 속초

성조 겨울깃 1월 16일 강원도 속초

2월 강원도 속초

성조 겨울깃 1월 16일 강원도 속초

성조 겨울깃 12월 9일 전남 흑산도

1회 겨울깃 1월 8일 전남 흑산도

장소	날짜
특이사항	

178 쇠제비갈매기
Sterna albifrons
Little Tern
L28cm

성조 여름깃 5월 하남시 미사리

4초~9초

서식 유럽, 아프리카, 중동, 인도, 아시아, 오스트레일리아, 미국 동부, 카리브해 연안 등지에서 번식하고, 겨울철에 번식지 남쪽으로 이동한다. 국내는 국지적으로 흔하게 번식하는 여름철새이다.

행동 모래와 자갈이 있는 강줄기와 큰 하천에서 집단으로 무리지어 번식한다. 둥지는 모래땅이나 자갈밭에 오목하게 만들며 3개의 알을 낳는다. 새끼는 태어난 후 2~3일 후에 둥지를 떠나 어미의 보살핌을 받지만 황조롱이와 새호리기에 의해 희생되는 경우가 많다. 허공에서 정지비행 후 수면으로 직강하여 물고기를 잡는다. 8월 말이면 큰 무리를 이루어 월동지로 이동한다.

특징 폭이 좁은 긴 날개를 가진다. 몸윗면은 흐린 회색이며 몸아랫면은 흰색이다. 부리는 노란색이며 끝이 검다. 이마는 흰색이며 머리는 검은색이다. 다리는 엷은 주황색이다.

겨울깃 부리가 전체적으로 검은색을 띤다. 이마의 흰무늬가 정수리까지 넓어지며 머리의 검은색과의 경계가 불명확하다. 검은색 눈선은 부리

갈매기과

까지 다다르지 않는다. 비상시 바깥쪽 첫째 날개깃이 검은색이다.

어린새 어깨와 등깃에 'V'자형의 흑갈색 무늬가 있고, 깃가장자리가 흰색으로 비늘무늬를 이룬다. 머리는 성조 겨울깃과 비슷하다. 부리는 검은색이며 기부가 때묻은 황갈색이다. 비상시 날개 앞부분은 검은색을 띤다.

성조 여름깃 6월 하남시 미사리

성조 여름깃 5월 하남시 미사리

성조 겨울깃 6월 11일 충남 천수만 ⓒ김정훈

성조 여름깃 6월 하남시 미사리

어린새 6월 하남시 미사리

장소	날짜
특이사항	

179 제비갈매기

Sterna hirundo
Common Tern

L35.5cm

성조 여름깃 *S. h. longipennis* 5월 경기도 탄천

4초~5하
8중~9중

서식 유라시아대륙의 중부 이북, 북아메리카 동부에서 번식하고, 아프리카 서부, 인도, 동남아시아, 오스트레일리아, 남아메리카에서 월동한다. 지리적으로 4아종으로 분류한다. 국내는 비교적 흔한 나그네새이다.

행동 부리를 밑으로 향해 날면서 수면 위로 떠오르는 먹이를 잡는다. 이동시기에는 항상 무리를 이루어 먹이사냥을 하고, 휴식할 때에도 하구, 하천 하류, 항구 주변에 집단으로 모여든다.

특징 Arctic Tern과 비슷하다

여름깃 머리가 검다. 멱과 뺨이 흰색이며 몸윗면은 회색이다. 몸아랫면은 엷은 회색을 띤다. 다리는 흑갈색 또는 검은색을 띤다. Arctic Tern에 비해 부리와 다리가 길다. 부리는 검은색이다. 머리가 Arctic Tern처럼 둥그스름하지 않다.

겨울깃 정수리에서 뒷목까지 검은색이며, 이마, 턱밑, 멱이 흰색이다. 어린새와 마찬가지로 날개앞부분에 검은 무늬가 있다.

어린새 Arctic Tern과 매우 비슷하지만 비상시 둘째날개깃이 날개덮깃보다 어둡거나 거의 같은 색이다. 날개앞부분에 검은 무늬가 선명하다. 부리는 검은

갈매기과

색이며 윗부리와 아랫부리가 만나는 기부 부분이 붉은색이다. 다리는 붉은색 또는 검붉은색을 띤다. 다리와 부리색이 붉은색이 강한 아종과 혼동하기 쉽다. 등깃과 셋째날개깃 일부가 흑갈색을 띠며 깃가장자리가 흰색이다.

아종 제비갈매기 *S. h. longipennis* 시베리아 동북부에서 남쪽으로 중국 동북부지역에서 번식하며, 겨울에는 동남아시아에서 오스트레일리아까지 월동한다.

붉은발제비갈매기 *S. h. minussensis* 중앙아시아에서 몽골 북부, 그리고 티벳 남부지역에서 번식하며, 겨울에는 인도양 북부에서 월동한다. 국내는 매우 드물게 찾아온다. 부리가 붉은색이며 부리끝이 검은색이다. 다리가 붉은색을 띤다. 제비갈매기보다 몸윗면이 더 밝은 색이다.

어린새 9월 20일 낙동강 하구

9월 경북 포항

겨울깃 5월 13일 낙동강 ⓒ박중록

붉은발제비갈매기 *S. h. minussensis* 5월 ⓒNial Moores

장소	날짜
특이사항	

180 흰죽지갈매기

Chlidonias leucopterus
White-winged Black Tern

L20~24cm

성조 여름깃 6월 8일 충남 천수만 ⓒ김정훈

5월
8중~9하

서식 유럽 남부에서 중앙아시아, 중국 동북부에서 번식하고, 아프리카, 동남아시아, 인도, 오스트레일리아에서 월동한다. 국내는 봄·가을 규칙적으로 통과한다. 서해안에서 자주 관찰되며 낙동강, 형산강에서 관찰된다.

행동 바다와 근접한 하천, 저수지, 연못에서 생활한다. 수면 위를 빠르게 날면서 먹이를 찾으며 좀처럼 땅에 내려오지 않는다.

특징 검은제비갈매기와 비슷하지만, 부리가 약간 짧고 다리가 길다. 구레나룻제비갈매기보다 작은 크기이다.

여름깃 머리, 등, 가슴, 배가 검은색이다. 부리는 진한 붉은색으로 검게 보인다. 날개앞부분은 흰색으로 등색과 뚜렷하게 구별된다(다른 2종과 구별되는 특징). 다리는 붉은색이다. 겨울깃으로 깃털갈이 중인 개체는 머리와 몸아랫면에 흰색과 검은색이 섞여 있어 검은제비갈매기와 비슷하지만 비상시 날개아랫면의 날개덮깃은 검은색이다. 허리와 아래꼬리덮깃은 흰색이다.

겨울깃 머리는 흰색 바탕에 검은 줄무늬가 흩어져 있고, 귀깃에 검은 반점이 있다. 몸아랫면은 흰색으로 바뀐다. 날개아랫면이 대부분 검은색이다.

어린새 몸윗면은 갈색이며 깃에 흑갈색 반점이 있어 비상시 등은 어둡게 보

갈매기과

이고 허리는 흰색이다. 얼굴뒤 검은색 반점이 눈아래까지 다다른다. 날개앞부분에 검은 무늬가 비교적 뚜렷하다.

닮은종 구레나룻제비갈매기 겨울깃·어린새 체형이 약간 크다. 부리가 크고 길다. 허리가 엷은 회색이며 얼굴뒤의 검은 무늬가 눈아래까지 처지지 않는다.

성조 여름깃 5월 18일 충남 천수만 ©김신환

겨울깃으로 깃털갈이 중 9월 21일 전북 옥구

어린새 9월 21일 전북 옥구

어린새 8월 28일 충남 천수만 ©김신환

어린새 9월 21일 전북 옥구

장소	날짜
특이사항	

181 구레나룻제비갈매기 *Chlidonias hybrida* Whiskered Tern L24~28cm

여름깃 6월 24일 충남 천수만 ⓒ김신환

5초~6하
8초~9하

서식 유럽 남부에서 중앙아시아, 아프리카, 남아시아, 중국 동부, 오스트레일리아에서 번식하고, 겨울에는 번식지 남쪽으로 이동한다. 지리적으로 3 또는 6아종으로 나눈다. 국내는 해안, 습지, 강, 저수지를 매우 드물게 통과하는 나그네새이다. 영종도, 남양만, 천수만, 송지호, 한강 미사리, 강원도 강릉 등지에서 관찰기록이 있다.

행동 수면 위를 빠르게 날면서 수면 위로 떠오른 먹이를 찾는다. 먹이는 작은 어류와 곤충류이다.

특징 흰죽지갈매기보다 크고, 부리와 다리가 길다. 꼬리는 짧으며 가운데가 약간 오목하게 들어간 형태이다.

여름깃 부리와 다리는 진한 붉은색으로 약간 검게 보인다. 머리는 검은색이며, 뺨은 흰색이다. 몸아랫면은 약간 어두운 회흑색. 비상시 겨드랑이는 흰색으로 보인다.

겨울깃 머리는 흰색이며 정수리뒤쪽으로 검은색 줄무늬가 뚜렷하다(흰죽지갈매기보다 뚜렷하고 뒷머리까지 이어진다). 눈뒤쪽으로 큰 검은 반점이 있다. 비상시 날개와 등은 거의 같은 색으로 보인다.

갈매기과

어린새 흰죽지갈매기와 비슷하지만 부리가 길다. 등과 셋째날개깃에 검은 반점과 깃 끝에 황갈색 무늬가 있다. 비상시 허리가 회색이다. 흰죽지갈매기와 달리 날개앞부분에 검은 무늬가 매우 약하거나 거의 없다. 비상시 꼬리끝에 가는 어두운 띠가 있는 경우가 많다.

닮은종 흰죽지갈매기 몸이 약간 작다. 부리가 가늘고 짧다. 어린새는 얼굴뒤 검은색 반점이 눈아래까지 다다른다. 허리는 흰색이다.

여름깃 7월 29일 전남 해남 ⓒ진선덕

여름깃에서 겨울깃으로 깃털갈이 중 9월 21일 옥구

7월 29일 전남 해남 ⓒ진선덕

1회 여름깃 9월 21일 전북 옥구

장소	날짜
특이사항	

182 큰부리제비갈매기 *Gelochelidon nilotica* Gull-billed Tern

갈매기과
L37.5cm

겨울깃 11월 4일 베트남 ⓒ양현숙

4, 9월

서식 유럽 남부에서 중앙아시아, 중국 동부, 오스트레일리아, 남아메리카 북부에서 번식하고, 비번식기에는 유라시아 남부, 아프리카, 오스트레일리아, 북미 남부에 폭넓게 분포한다. 지리적으로 6아종으로 나눈다. 국내는 1993년 9월 30일 처음 관찰되었다. 극소수가 봄·가을에 주기적으로 통과할 것으로 추정된다.

겨울깃 8월 15일 낙동강 ⓒ박중록

행동 해안, 갯벌, 하구, 하천, 습지에서 생활한다. 단독으로 행동하는 경우가 많다. 주로 곤충, 개구리, 게, 파충류 등 작은 동물을 잡아먹는다.

특징 검은색 부리는 두껍고 짧다. 머리는 검은색, 몸윗면은 엷은 회색이다.
겨울깃 눈앞부터 이어지는 검은색의 뚜렷한 눈선이 있다. 비상시 날개아랫면의 첫째날개깃 끝이 검은색이다.

어린새 다른 제비갈매기류보다 부리가 두껍다. 특히 아랫부리가 각진 형태이다. 제비갈매기와 달리 날개앞부분에 검은 무늬가 없다.

닮은종 제비갈매기 체형이 작다. 부리가 가늘고 약간 길다. 다리가 짧다.

183 붉은부리큰제비갈매기 *Sterna caspia* / Caspian Tern

갈매기과
L47~53cm

성조 겨울깃 5월 4일 충남 천수만 ⓒ이종렬

3, 4, 5, 8, 10월

서식 유럽, 중앙아시아, 중동, 아프리카, 북아메리카, 오스트레일리아에서 번식하고, 비번식기에는 아프리카, 인도, 동남아시아, 멕시코 등지에 폭넓게 분포한다. 국내는 2001년 3월 18일 낙동강 하구에서 처음 확인된 이후 포항 형산강, 천수만, 제주도 등지에서 기록된 미조이다.

10월 8일 제주도 ⓒ강창완

행동 갯벌, 하구, 호수에서 생활한다. 단독으로 행동하며 중형 갈매기처럼 무게 있는 비행을 한다. 부리를 아래로 향하고 날다가 물고기를 잡는다.

특징 육중한 부리는 붉은색이며 끝부분이 검다. 몸윗면은 엷은 회색이며 몸아랫면은 흰색이다. 가운데가 약간 들어간 제비꼬리이다. 비상시 날개아랫면의 첫째날개깃 끝부분이 검은색으로 보인다.

겨울깃 여름깃과 비슷하지만 머리에 흰색 점이 흩어져 있다.

장소	날짜
특이사항	

184 검은등제비갈매기 *Onychoprion fuscata* Sooty Tern

갈매기과
L36~45cm

성조 6월 15일 제주도 ⓒ김은미

6, 7, 8월

서식 태평양, 대서양, 인도양의 열대 및 아열대의 도서지방, 오스트레일리아 북부해안에서 번식하고, 비번식기에는 주변 해역에서 생활한다. 지리적으로 7 또는 8아종으로 나눈다. 국내는 1992년 8월 26일 부산에서 1개체가 처음 확인된 이후 전북 옥구(2000년 8월 31일), 목포(2002년 7월), 거제도(2004년 8월 20일), 제주도(2006년 6월 15일)에서 관찰된 기록이 있다.

8월 20일 거제도 ⓒ조순만

행동 해안, 해양의 섬에서 생활한다. 항상 무리를 이루어 행동한다.
특징 머리는 등보다 진한 색이며, 등은 균일한 검은색이다. 이마는 폭넓은 흰색이며 눈뒤쪽으로 흰색 눈썹선이 없다. 뺨과 몸아랫면은 흰색. 꼬리는 가운데 깃이 깊게 패인 제비꼬리이다. 부리는 검은색이며 길고 뾰족하다.
어린새 전체적으로 흑갈색을 띠며, 등과 날개덮깃에 흰색 반점이 흩어져 있다. 몸아랫면은 턱밑에서 가슴까지 흑갈색이며, 배부터 점차 흰색으로 바뀐다.

185 에위니아제비갈매기 *Onychoprion anaethetus* Bridled Tern

갈매기과
L35~38cm

성조 7월 10일 제주도 ⓒ강희만

서식 홍해에서 인도 연안, 동남아시아, 순다열도에서 오스트레일리아, 멕시코 동부 연안, 카리브해의 열대해역에서 서식한다. 지리적으로 3아종으로 나눈다. 국내는 2006년 7월 10일 제주도에서 성조 1개체가 확인된 기록이 있을 뿐이다.

행동 먹이는 수면에서 잡거나 낮게 날다가 다이빙하여 잡는다.

특징 검은등제비갈매기보다 작은 크기이다. 머리에서 뒷목까지 검은색이며, 몸윗면은 어두운 회갈색이다. 이마의 흰색은 폭이 좁으며 눈뒤까지 짧게 이어진다. 외측꼬리깃이 흰색이며 앉아 있을 때 꼬리는 날개뒤로 약간 돌출된다.

겨울깃 몸윗면이 여름깃보다 연한 색이다. 머리에 흰무늬가 흩어져 있다.

어린새 머리는 엷은 검은색 바탕에 흰무늬가 흩어져 있다(흰색 이마와 머리의 경계가 불명확하다). 눈뒤로 폭넓은 검은 눈선이 명확하다. 몸윗면의 깃 가장자리가 엷은 색으로 비늘무늬를 이룬다. 몸아랫면은 균일한 흰색이며 간혹 가슴옆에 연한 회갈색을 띠는 경우도 있다.

장소	날짜
특이사항	

부록

참고문헌
국명 찾아보기
학명 찾아보기
영명 찾아보기

참고문헌

Alström, P. and Mild, K. 2003. Pipits and Wagtails of Europe, Asia and North America. Christopher Helm, London.

Austin, O. L. 1948. The birds of korea, Bulletin of the museum of comparative zoology at harvard college Vol. 101, No1.

Baker, K. 1993. Identification Guide to European Non-Passerines. BTO Guide 24. BTO, Thetford.

Baker, K. 1997. Warblers of Europe, Asia and North Africa. Christopher Helm, London.

Brazil, M. A. 1991. The Birds of Japan. Christopher Helm, London.

Byers, C., Olsson, U., and Curson, J. 1995. Bunting and sparrows. Pica press.

Chantler, P. and Driessens, G. 2000. Swifts: A Guide to the Swifts and Treeswifts of the World. second edition. Pica Press, Sussex.

Clement, P. and Hathway, R. 2000. Thrushes. Christopher Helm, London.

Clement, P. 1995. The Chiffchaff. Hamlyn, London.

Clements, J. F. 2007. The Clements Checklist of the Birds of the World. 6th ed. Christopher Helm, London.

Curson, J., Quinn, D., and Beadle, D. 1994. New world Warblers. Christopher Helm, London.

del Hoyo, J., Elliott, A. and Sargatal, J.(eds.) 1992-2002. Handbook of the Birds of the World, Vol. 1-7. Lynx Editions, Barcelona.

del Hoyo, J., Elliott, A. and Christie, D. A.(eds.) 2003-2005. Handbook of the Birds of the World, Vol. 8-10. Lynx Editions, Barcelona.

Dickinson, E. C. (ed) 2003. The Howard and Moore Complete Checklist of the Birds of the World. 3rd Edition. Christopher Helm, London.

Donald, P. F. 2004. The Skylark. T & A D Poyser, London.

Feare, C. and Craig, A. 1998. Starlings and Mynas. Christopher Helm, London.

Ferguson-Lees, J. and Christie, D. A. 2001. Raptors of the world. Christopher Helm, London.

Fosman, D. 1999. The Raptors of Europe and the Middle East: A Handbook of Field Identification. T & A D Poyser. London.

Gibbs, D., Branes E. and Cox, J. 2001. Pigeon and Doves: A Guide to the Pigeons and Doves of the Worlds. Pica Press, Sussex.

Ginn, H. B. and Melville, D. S. 1983. Moult in Birds. BTO GUIDE 19. British Trust for Ornithology, Tring.

Grant, P. J. 1986. Gulls: A Guide to identification. second edition. T & A D Poyser, Calton.

Hancock, J. 1999. Herons & Egrets of the World. Academic Press, London.

Harrap, S. and Quinn, D. 1996. Tits, Nathatches and Treecreepers. Christopher Helm, London.

Harris, T. and Franklin, K. 2000. Shrikes & Bush-Shrikes. Christopher Helm, London.

Harrison, P. 1985. Seabirds: An Identification guide. Revised edition. Christopher Helm, London.

Hayman, P, Marchant, J., and Prater T. 1986. Shorebirds, An Identification Guide to the Waders of the World. Christopher Helm, London.

Jenni, L. and Winkler, R. 1994. Moult and Ageing of European Passerines. Academic Press, London.

Jonsson, L. 1992. Birds of Europe with North Africa and the Middle East. Princeton University Press. New Jersey.

König, C., Weick, F. and Becking, J. 1999. Owls: A Guide to the Owls of the World. Pica Press, London.

Lefranc, N. and Worfolk, T. 1997. Shrikes: A Guide to the Shrikes of the World. Yale University Press, London.

Mackinnon, J. and Phillipps, K. 2000. A Field Guide to the Birds of China. Oxford University Press. Oxford, New York.

Madge, S. and Burn, H. 1994. Crows and Jays. Princeton University Press, New Jersey.

Madge, S. and Burn, H. 1988. Waterfowl: An Identification Guide to the Ducks, Geese and Swans of the World. Houghton Mifflin Company, New York.

McClure, H. E. 1998. Migration and Survival Birds of Asia. White Lotus. Bangkok, Thailand.

Monroe, B. L. and Sibley C. G. 1993. A world checklist of birds. Yale University, London.

Mullarney, K., Svensson, L., Zetterström, D., and Grant J. 1999. Collins Bird Guide. Harper Collins, London.

Olsen, K. M. and Larsson, H. 1995. Terns of Europe and North America. Christopher Helm, London.

Olsen, K. M. and Larsson, H. 1997. Skuas and Jaegers: A Guide to the Skuas and Jaegers of the World. Pica Press, Sussex.

Olsen, K. M. and Larsson, H. 2004. Gulls of Europe, Asia and North America. Christopher Helm, London.

Prater, A. j., Marchant, J. H. and Vuorinen, J. 1977. Guide to the Identification and Ageing of Holarctic Warders. BTO GUIDE 17. British Trust for Ornithology, Norfolk.

Rasmussen, P. C. and Anderton, J. C. 2005. Birds of South Asia. The ripley guide. Vols 1 and 2. Smithsonian institution and Lynx Edicions, Washington, D. C. and Barcelona.

Robson, C. 2000. A Field Guide to the Birds of South-East Asia. New Holland, London.

Short, L. L. 1982. Woodpeckers of the World. DMNH. New York.

Sibley, C. G. and Monroe, Jr. B. L. 1990. Distribution and taxonomy of birds of the world. Yale University, London.

Sibley, D. A. 2000. The Sibley Guide to Birds. Chanticleer Press, New York.

Sample. G. 2003. Collins Field Guide Warbler Song and Calls of Britain and Europe. Harper Collins, London.

Sangster, G., Collinson, J. M., Helbig, A. J., Knox, A. G. & Parkin, D. T. 2005. Taxonomic recommendations for British birds: third report. Ibis 147: 821-826.

Sangster, G., Collinson, J. M., Helbig, A. J., Knox, A. G., Parkin, D. T. & Svensson, L. 2007. Taxonomic recommendations for British birds: fourth report. Ibis 149: 853-857.

Sonobe, K.(ed.) 1993. A Field Guide to the Waterbirds of Asia. Wild Bird Society of Japan. Tokyo.

Svensson, L. 1992. Identification Guide to European Passerines. Fourth, rivised and enlarged edition. Published by the author, Stockholm.

Taylor, B. and van Perlo, B. 1998. Rails: A Guide to the Rails, Crakes, Gallinules and Coots of the World. Pica Press, Sussex.

Tomek, T. 1999. The birds of North Korea. Non-passeriformes. Acta zoologica cracoviensia, 42(1): 1-217.

Tomek, T. 2002. The birds of North Korea. Passeriformes. Acta zoologica cracoviensia, 45(1): 1-235.

Turner, A. and Rose, C. 1989. A Handbook to the Swallows and Martins of the World. Christopher Helm, London.

Urquhart, E. 2002. Stonechats: A Guide to the genus Saxicola. Christopher Helm, London.

김계진, 김만섭, 김리태, 김광남, 김덕산, 림추연, 박우일, 한근홍. 2002. 우리나라 위기 및 희귀동물. 과학원. 평양.

남태경. 1950. 한국조류명휘. 서울대학교. 서울.

리금철, 리성대. 1996. 북한천연기념물편람. 농업출판사.

박진영. 2002. 한국의 조류 현황과 분포에 관한 연구. 경희대학교 박사학위논문.

서일성. 1993. 한국야생조류. 평화출판사.

원병오. 1981. 한국동식물도감 제25권 동물편(조류생태). 문교부.

원병오. 1992. 천연기념물 : 동물편. 대원사.

원병오. 1996. 원색도감 야외안내서 한국의 조류. 교학사.

원병오. 1996. Checklist of the Birds of Korea. 한국조류연구소 연구보고 Vol. 5, No 1 :39-58.

원홍구. 1963. 조선조류지 1. 과학원출판사.

원홍구. 1964. 조선조류지 2. 과학원출판사.

원홍구. 1965. 조선조류지 3. 과학원출판사.

윤무부. 1990. 한국의 철새. 대원사. 서울.

윤무부. 1990. 한국의 텃새. 대원사. 서울.

윤무부. 1996. 원색도감 한국의 새. 교학사.

이우신, 김수만. 1994. 우리가 정말 알아야 할 우리 새 백가지. 현암사.

이우신·구태회·박진영·타니구찌 타카시(谷口高司). 2000. 한국의 새. LG상록재단. 서울.

高野伸二. 1989. フィールドガイド 日本の野鳥. 増補版. 日本野鳥の會. 東京.

內田淸一郎·島崎三郞. 1987. 鳥類學名辭典. 東京大學出版會.

山階鳥類研究所. 1982. 鳥類標識マニュアル(第10判). 山階鳥類研究所.

山階鳥類研究所. 1990. 鳥類標識マニュアル(1982年度). 山階鳥類研究所. 東京.

山形則男·吉野俊幸·桐原政志. 2000. 日本の鳥550 水辺の鳥. 文一綜合出版. 東京.

山形則男・吉野俊幸・五百澤日丸. 2000. 日本の鳥550 山野の鳥. 文一綜合出版. 東京.

森岡照明・叶内拓哉・川田 隆・山形則男. 1995. 圖鑑 日本のワシタカ類. 文一綜合出版. 東京.

小林桂助. 1994. 原色日本鳥類圖鑑. 新訂增補版(第7刷). 保育社. 大阪.

氏原巨雄・氏原道昭. 2000. カモメ識別ハンドブック. 文一綜合出版. 東京.

柚木修. 2002. 小學館の 圖鑑 NEO5 鳥. 小學館. 東京. 上田惠介監.

日高敏隆(監修). 1996-1997. 日本動物大百科 第3-4卷 鳥類Ⅰ-Ⅱ. 平凡社. 東京.

日本鳥類保護連盟. 1988. A Guide For Bird Lovers 鳥630圖鑑. 日本鳥類保護連盟. 東京.

日本鳥學會. 2000. 日本鳥類目錄. 改訂第6版. 日本鳥學會.

眞木廣造・大西敏一. 2000. 日本の鳥590. 平凡社. 東京.

叶内拓哉・安部直哉・上田秀雄. 1998. 山溪ハソデイ圖鑑7 日本の野鳥. 山と溪谷社. 東京.

국명 찾아보기

물새 ■ 산새 ■

ㄱ

가마우지 52
가창오리 140
갈까마귀 470
갈매기 322
갈색양진이 421
갈색얼가니새 49
갈색제비 178
개개비 324
개개비사촌 314
개구리매 50
개꿩 232
개똥지빠귀 312
개리 104
개미잡이 149
검독수리 68
검둥오리 158
검둥오리사촌 160
검은가슴물떼새 230
검은다리솔새 342
검은댕기해오라기 76
검은두견이 101
검은등뻐꾸기 108
검은등사막딱새 266
검은등제비갈매기 352
검은등할미새 196
검은딱새 260
검은머리갈매기 316
검은머리딱새 256

검은머리멧새 396
검은머리물떼새 210
검은머리방울새 420
검은머리쑥새 410
검은머리촉새 398
검은머리흰죽지 150
검은멧새 406
검은목논병아리 42
검은목두루미 182
검은목지빠귀 309
검은바람까마귀 456
검은뺨딱새 258
검은이마직박구리 217
검은지빠귀 302
검은턱할미새 192
검은해오라기 87
검은흰죽지 149
고니 102
고대갈매기 318
고방오리 136
곤줄박이 374
괭이갈매기 320
구레나룻제비갈매기 348
군함조 56
굴뚝새 238
귀뿔논병아리 41
귀제비 174
귤빛지빠귀 292
금눈쇠올빼미 124

긴꼬리딱새 358
긴꼬리때까치 225
긴꼬리올빼미 123
긴꼬리홍양진이 426
긴다리사막딱새 265
긴다리솔새사촌 336
긴발톱멧새 414
긴발톱할미새 184
긴부리도요 288
긴점박이올빼미 122
까마귀 474
까막딱다구리 152
까치 466
깝작도요 280
꺅도요 304
꺅도요사촌 300
꼬까도요 240
꼬까울새 242
꼬까직박구리 288
꼬까참새 400
꼬마물떼새 220
꾀꼬리 460
꿩 90

ㄴ

나무발발이 379
나무밭종다리 200
낭비둘기 92
넓적꼬리도둑갈매기 311

넓적부리 138
넓적부리도요 260
노랑눈썹멧새 393
노랑눈썹솔새 346
노랑딱새 272
노랑때까치 222
노랑머리할미새 180
노랑발갈매기 328
노랑발도요 282
노랑배솔새사촌 341
노랑배진박새 370
노랑부리백로 68
노랑부리저어새 90
노랑지빠귀 310
노랑턱멧새 394
노랑할미새 182
노랑허리솔새 348
녹색비둘기 100
논병아리 38
누른도요 239
느시 87

ㄷ

대륙검은지빠귀 304
댕기물떼새 234
댕기흰죽지 152
덤불해오라기 82
독수리 44
동고비 376

동박새 380
되새 416
되솔새 352
되지빠귀 296
두견이 110
두루미 186
뒷부리도요 283
뒷부리장다리물떼새 214
들꿩 89
따오기 89
딱새 254
때까치 220
떼까마귀 472
뜸부기 200

ㅁ

마도요 294
말똥가리 66
매 84
매사촌 112
먹황새 94
멋쟁이새 430
메추라기 88
메추라기도요 252
멧도요 307
멧비둘기 96
멧새 384
멧종다리 241
목도리도요 264

무당새 404
물까마귀 236
물까치 464
물꿩 206
물닭 204
물때까치 228
물레새 179
물수리 34
물총새 136
민댕기물떼새 236
민물가마우지 50
민물도요 254
밀화부리 432

ㅂ

바늘꼬리도요 302
바늘꼬리칼새 132
바다꿩 156
바다매 85
바다비오리 166
바다쇠오리 172
바다오리 178
바다제비 48
바다직박구리 286
바람까마귀 458
바위종다리 240
박새 372
발구지 144
밤색날개뻐꾸기 113

방울새 418
발종다리 202
백할미새 194
버들솔새 344
벌매 36
벙어리뻐꾸기 106
별삼광조 359
부채꼬리바위딱새 262
북극도둑갈매기 310
북꿩 91
북방개개비 328
북방검은머리쑥새 408
북방긴발톱할미새 188
북방쇠박새 366
북방쇠종다리 170
북방쇠찌르레기 446
분홍찌르레기 455
붉은가슴도요 256
붉은가슴발종다리 208
붉은가슴울새 243
붉은가슴흰죽지 148
붉은갯도요 257
붉은머리오목눈이 260
붉은목지빠귀 308
붉은발도요 268
붉은발슴새 47
붉은배동고비 377
붉은배멋쟁이새 431
붉은배새매 52

붉은배오색딱다구리 162
붉은배지빠귀 298
붉은부리갈매기 314
붉은부리까마귀 469
붉은부리찌르레기 450
붉은부리큰제비갈매기 351
붉은부리흰죽지 146
붉은뺨멧새 390
붉은어깨도요 258
붉은왜가리 60
붉은해오라기 80
비둘기조롱이 78
비오리 168
뻐꾸기 104
뿔논병아리 44
뿔쇠오리 174
뿔종다리 166
삑삑도요 276

ㅅ

사할린되솔새 353
산솔새 354
삼광조 358
상모솔새 357
새매 56
새호리기 82
새홀리기 82
섬개개비 334
섬참새 440

섬휘파람새 320
세가락갈매기 340
세가락도요 248
세가락메추라기 86
소쩍새 116
솔개 38
솔딱새 282
솔부엉이 126
솔새 350
솔새사촌 338
솔잣새 428
송곳부리도요 262
쇠가마우지 54
쇠개개비 326
쇠검은머리쑥새 412
쇠기러기 108
쇠동고비 378
쇠딱다구리 164
쇠뜸부기 194
쇠뜸부기사촌 196
쇠물닭 202
쇠박새 368
쇠밭종다리 214
쇠백로 66
쇠부리도요 290
쇠부엉이 130
쇠붉은뺨멧새 392
쇠솔딱새 284
쇠솔새 351

쇠오리 142
쇠오색딱다구리 160
쇠유리새 246
쇠재두루미 191
쇠제비갈매기 342
쇠종다리 170
쇠찌르레기 448
쇠청다리도요 270
쇠칼새 135
쇠황조롱이 80
쇠흰턱딱새 356
수리갈매기 336
수리부엉이 114
수염오목눈이 362
숲새 316
스윈호오목눈이 363
습새 46
시베리아알락할미새 189
시베리아흰두루미 190
쏙독새 142
쑥새 386

ㅇ

아메리카메추라기도요 252
아메리카쇠오리 143
아메리카홍머리오리 126
아물쇠딱다구리 163
아비 32
알락개구리매 48

알락꼬리마도요 296
알락꼬리쥐발귀 332
알락도요 278
알락뜸부기 193
알락쇠오리 175
알락오리 130
알락할미새 190
알락해오라기 88
양비둘기 92
양진이 424
어치 462
얼룩무늬납부리새 438
에위니아제비갈매기 353
연노랑눈썹솔새 346
연노랑허리솔새 348
연노랑솔새 340
열대붉은해오라기 86
염주비둘기 98
옅은밭종다리 204
오목눈이 364
오색딱다구리 156
올빼미 120
왕눈물떼새 226
왕새매 60
왜가리 58
울도방울새 419
울도큰오색딱다구리 158
울새 248
원앙 122

유리딱새 252

ㅈ

작은도요 244
작은바다오리 176
잣까마귀 468
장다리물떼새 212
장박새 419
재갈매기 324
재두루미 188
재색멋쟁이새 431
잿빛개구리매 46
잿빛쇠찌르레기 454
저어새 92
적도황금새 271
적원자 422
점무늬가슴쥐발귀 323
제비 172
제비갈매기 344
제비딱새 280
제비물떼새 216
제주동고비 377
제주방울새 418
제주큰오색딱다구리 159
조롱이 54
조선참수리 42
좀도요 242
종다리 168
종달도요 250

367

줄기러기 113
줄무늬노랑발갈매기 332
중국지빠귀 289
중국황금새 270
중대백로 62
중백로 64
중부리도요 292
쥐발귀개개비 330
지느러미발도요 308
직박구리 218
진박새 371
진홍가슴 250
집참새 439
찌르레기 444

ㅊ

참매 58
참새 442
참수리 42
청다리도요 272
청다리도요사촌 274
청도요 306
청둥오리 132
청딱따구리 150
청머리오리 128
청호반새 140
초원수리 74
축새 402
칡때까치 226

칡부엉이 128

ㅋ

칼새 133
캐나다기러기 116
캐나다두루미 181
콩새 436
크낙새 154
큰검은머리갈매기 312
큰고니 100
큰군함조 57
큰기러기 106
큰깍도요 298
큰논병아리 40
큰덤불해오라기 84
큰뒷부리도요 286
큰말똥가리 64
큰물떼새 237
큰발종다리 212
큰부리개개비 322
큰부리까마귀 476
큰부리도요 289
큰부리밀화부리 434
큰부리바다오리 179
큰부리제비갈매기 350
큰부리큰기러기 107
큰소쩍새 118
큰오색딱다구리 158
큰왕눈물떼새 228

큰유리새 276
큰재갈매기 334
큰재개구마리 230
큰회색머리아비 34

ㅌ~ㅍ

털발말똥가리 62
파랑딱새 278
파랑새 144
팔색조 148
푸른눈테해오라기 81

ㅎ

학도요 266
한국동박새 382
한국발종다리 206
한국재갈매기 329
한국황조롱이 77
할미새사촌 216
항라머리검독수리 70
해오라기 78
호랑지빠귀 290
호반새 138
호사도요 208
호사비오리 170
혹고니 98
혹부리오리 120
홍때까치 224
홍머리오리 124

홍비둘기 99
홍여새 234
황금새 270
황로 72
황새 96
황여새 232
황오리 118
황조롱이 76
황해쇠칼새 134
회색머리갈색딱새 279
회색머리아비 36
회색바람까마귀 459
후투티 146
휘파람새 318
흑기러기 114
흑꼬리도요 284
흑두루미 184
흑로 70
흑비둘기 94
흰갈매기 338
흰기러기 112
흰꼬리딱새 274
흰꼬리수리 40
흰꼬리좀도요 246
흰날개해오라기 74
흰눈썹긴발톱할미새 186
흰눈썹뜸부기 192
흰눈썹물떼새 238
흰눈썹바다오리 177

흰눈썹북방긴발톱할미새 187
흰눈썹붉은배지빠귀 300
흰눈썹울새 244
흰눈썹지빠귀 294
흰눈썹황금새 268
흰등밭종다리 210
흰머리멧새 383
흰머리바위딱새 264
흰머리오목눈이 365
흰멧새 413
흰목물떼새 222
흰물떼새 224
흰배뜸부기 198
흰배멧새 388
흰배지빠귀 306
흰부리아비 37
흰비오리 164
흰뺨검둥오리 134
흰뺨오리 162
흰수염바다오리 180
흰이마기러기 110
흰점찌르레기 452
흰죽지 147
흰죽지갈매기 346
흰죽지꼬마물떼새 218
흰죽지수리 72
흰줄박이오리 154
흰참매 59
흰턱제비 176

흰털발제비 177
힝둥새 198

학명 찾아보기

물새 ■■■ 산새 ■■■

A

Accipiter gentilis 58
   gentilis albidus 59
   gentilis schvedowi 58
   gularis 54
   nisus 56
   soloensis 52
Acrocephalus aedon 322
   bistrigiceps 326
   orientalis 324
Actitis hypoleucos 280
Aegithalos caudatus 364
   caudatus caudatus 365
   caudatus magnus 365
   caudatus trivirgatus 365
Aegypius monachus 44
Aerodramus brevirostris 134
   brevirostris brevirostris 134
   brevirostris innominata 134
Aethia pusilla 176
Aix galericulata 122
Alauda arvensis 168
   arvensis japonica 169
   arvensis intermedia 169
   arvensis lonnbergi 169
   arvensis pekinensis 169
   japonica 169
Alcedo atthis 136
Amaurornis phoenicurus 198

Anas acuta 136
   americana 126
   clypeata 138
   crecca 142
   (crecca) carolinensis 143
   falcata 128
   formosa 140
   penelope 124
   platyrhynchos 132
   poecilorhyncha 134
   querquedula 144
   strepera 130
Anser albifrons 108
   caerulescens 112
   cygnoides 98
   erythropus 110
   fabalis 106
   fabalis middendorffi 107
   fabalis serrirostris 106
   indicus 113
Anthropoides virgo 191
Anthus cervinus 208
   godlewskii 214
   gustavi 210
   gustavi gustavi 211
   gustavi menzbieri 211
   hodgsoni 198
   hodgsoni hodgsoni 199
   hodgsoni yunnanensis 199

richardi 212

roseatus 206

rubescens 202

rubescens japonicus 202

spinoletta 204

spinoletta blakistoni 204

trivialis 200

Apus affinis 135

nipalensis 135

pacificus 133

Aquila chrysaetos 68

clanga 70

heliaca 72

nipalensis 74

Ardea alba alba 62

alba modesta 62

cinerea 58

purpurea 60

Ardeola bacchus 74

Arenaria interpres 240

Asio flammeus 130

otus 128

Athene noctua 124

noctua plumipes 125

Aythya affinis 151

baeri 148

ferina 147

fuligula 152

marila 150

nyroca 149

B

Bombycilla garrulus 232

japonica 234

Bonasa bonasia 89

Botaurus stellaris 88

Brachyramphus marmoratus 175

perdix 175

Bradypterus thoracicus 323

thoracicus davidi 323

Branta bernicla 114

bernicla nigricans 114

bernicla orientalis 114

canadensis 117

hutchinsii 116

hutchinsii leucopareia 116

hutchinsii minima 116

Bubo bubo 114

Bubulcus ibis 72

Bucephala clangula 162

Butastur indicus 60

Buteo buteo 66

buteo japonicus 66

hemilasius 64

lagopus 62

lagopus kamtschatkensis 63

lagopus menzbieri 63

Butorides striatus 76

C

Calandrella brachydactyla 170
   cheleensis 170
Calcarius lapponicus 414
Calidris acuminata 252
   alba 248
   alpina 254
   canutus 256
   ferruginea 257
   minuta 244
   ruficollis 242
   subminuta 250
   temminckii 246
   tenuirostris 258
Calonectris leucomelas 46
Caprimulgus indicus 142
Carduelis sinica 418
   sinica minor 418
   sinica ussuriensis 419
   spinus 420
Carpodacus erythrinus 422
   roseus 424
Cepphus carbo 177
Cerorhinca monocerata 180
Certhia familiaris 379
Cettia diphone borealis 318
   diphone cantans 320
   diphone canturians 319
Chaimarrornis leucocephalus 264

Charadrius alexandrinus 224
   dubius 220
   hiaticula 218
   leschenaultii 228
   mongolus 226
   morinellus 238
   placidus 222
   veredus 237
Chlidonias hybrida 348
   leucopterus 346
Ciconia boyciana 96
   nigra 94
Cinclus pallasii 236
Circus aeruginosus 50
   cyaneus 46
   melanoleucos 48
   spilonotus 50
Cisticola juncidis 314
Clamator coromandus 113
Clangula hyemalis 156
Coccothraustes coccothraustes 436
Columba janthina 94
   rupestris 92
Corvus corone 474
   dauuricus 470
   frugilegus 472
   macrorhynchos 476
   macrorhynchos japonensis 476
   macrorhynchos macrorhynchos 476

Coturnicops exquisitus 193

Coturnix japonica 88

Cuculus canorus 104

   fugax 112

   hyperythrus 112

   micropterus 108

   poliocephalus 110

   saturatus 106

Cyanopica cyanus 464

Cyanoptila cyanomelana 276

Cygnus columbianus 102

   columbianus bewickii 102

   columbianus jankowskii 102

   cygnus 100

   olor 98

D

Delichon dasypus 177

   urbicum 176

Dendrocopos canicapillus 163

   canicapillus doerriesi 163

   hyperythrus 162

   hyperythrus subrufinus 162

   kizuki 164

   kizuki ijimae 164

   kizuki nippon 165

   kizuki permutatus 165

   kizuki seebohmi 164

   leucotos 158

   leucotos leucotos 158

   leucotos quelpartensis 159

   leucotos takahashii 159

   major 156

   minor 160

Dendronanthus indicus 179

Dicrurus hottentottus 458

   leucophaeus 459

   macrocercus 456

Dryocopus javensis 154

   javensis richardsi 154

   martius 152

E

Egretta eulophotes 68

   garzetta 66

   intermedia 64

   sacra 70

Emberiza aureola 398

   chrysophrys 393

   cioides 384

   cioides castaneiceps 385

   cioides ciopsis 385

   elegans 394

   fucata 390

   leucocephalos 383

   melanocephala 396

   pallasi 408

   pusilla 392

rustica 386
rutila 400
schoeniclus 410
spodocephala 402
spodocephala personata 403
spodocephala sordida 403
spodocephala spodocephala 403
sulphurata 402
tristrami 388
variabilis 406
yessoensis 412
Eophona migratoria 432
personata 434
Erithacus rubecula 242
Eumyias thalassinua 278
Eurynorhynchus pygmeus 260
Eurystomus orientalis 144

F

Falco amurensis 78
columbarius 80
peregrinus 84
subbuteo 82
tinnunculus 76
tinnunculus interstinctus 77
tinnunculus tinnunculus 77
Ficedula albicilla 274
mugimaki 272
narcissina 270

narcissina elisae 270
narcissina owstoni 271
parva 275
zanthopygia 268
Fregata ariel 56
minor 57
Fringilla montifringilla 416
Fulica atra 204

G

Galerida cristata 166
Gallicrex cinerea 200
Gallinago gallinago 304
hardwickii 298
megala 300
solitaria 306
stenura 302
Gallinula chloropus 202
Garrulus glandarius 462
Gavia adamsii 37
arctica 34
pacifica 36
stellata 32
Gelochelidon nilotica 350
Glareola maldivarum 216
pratincola 217
Gorsachius goisagi 80
melanolophus 81
Grus canadensis1 81

grus 184

japonensis 186

leucogeranus 190

monacha 184

vipio 188

H

Haematopus ostralegus 210

Halcyon coromanda 138

pileata 140

Haliaeetus albicilla 40

pelagicus 42

pelagicus niger 42

Heteroscelus brevipes 282

Himantopus himantopus 212

Hirundapus caudacutus 132

Hirundo daurica 174

rustica 172

rustica gutturalis 173

rustica saturata 173

striolata 174

Histrionicus histrionicus 154

Hydrophasianus chirurgus 206

Hypsipetes amaurotis 218

I~J

Ixobrychus cinnamomeus 86

eurhythmus 84

flavicollis 87

sinensis 82

Jynx torquilla 149

L

Lanius bucephalus 220

cristatus 222

cristatus confusus 224

cristatus cristatus 224

cristatus lucionensis 222

excubitor 230

excubitor bianchii 230

excubitor mollis 231

excubitor sibiricus 230

(meridionalis) pallidirostris 231

schach 225

sphenocercus 228

tigrinus 226

Larus argentatus 324

cachinnans 329

canus 322

crassirostris 320

fuscus 333

glaucescens 336

heuglini 332

heuglini heuglini 333

heuglini taimyrensis 333

hyperboreus 337

hyperboreus pallidissimus 337

hyperboreus barrovianus 337

ichthyaetus 312
mongolicus 328
relictus 318
ridibundus 314
saundersi 316
schistisagus 334
vegae 324
Leucosticte arctoa 421
Limicola falcinellus 262
Limnodromus griseus 288
   scolopaceus 288
   semipalmatus 289
Limosa lapponica 286
   lapponica baueri 287
   lapponica lapponica 287
   lapponica menzbieri 287
   limosa 284
Locustella certhiola 328
   certhiola certhiola 329
   lanceolata 330
   ochotensis 332
   pleskei 334
Lonchura punctulata 438
Loxia curvirostra 428
Luscinia akahige 243
   calliope 250
   calliope beicki 251
   calliope calliope 251
   calliope camtschatkensis 251
   cyane 246
   sibilans 248
   svecica 244

M

Melanitta deglandi 160
   deglandi stejnegeri 161
   fusca 161
   nigra 159
   (nigra) americana 158
Mergus albellus 164
   merganser 168
   serrator 166
   squamatus 170
Milvus migrans 38
   migrans lineatus 38
Monticola gularis 288
   solitarius 286
   solitarius pandoo 287
   solitarius philippensis 286
Motacilla alba baicalensis 189
   alba leucopsis 190
   alba ocularis 192
   cinerea 182
   citreola 180
   flava 184
   flava macronyx 188
   flava plexa 187
   flava simillima 186

flava taivana 184
grandis 196
lugens 194
Muscicapa dauurica 284
    ferruginea 279
    griseisticta 280
    sibirica 282

N

Netta rufina 146
Ninox japonica 127
    scutulata 126
    scutulata japonica 126
    scutulata ussuriensis 127
Nipponia nippon 89
Nucifraga caryocatactes 468
Numenius arquata 294
    madagascariensis 296
    minutus 290
    phaeopus 292
    phaeopus phaeopus 292
    phaeopus variegatus 292
Nycticorax nycticorax 78

O

Oceanodroma monorhis 48
Oenanthe isabellina 265
    pleschanka 266
Onychoprion anaethetus 353
    fuscata 353
Oriolus chinensis 460
Otis tarda 87
Otus bakkamoena 118
    bakkamoena semitorques 118
    bakkamoena ussuriensis 118
    lempiji 118
    lettia 118
    scops 116
    sunia 116

P

Pandion haliaetus 34
Panurus biarmicus 362
Paradoxornis webbianus 360
Parus ater 371
    major 372
    montanus 366
    palustris 368
    varius 374
    venustulus 370
Passer domesticus 439
    montanus 442
    rutilans 440
Pericrocotus divaricatus 216
Pernis ptilorhynchus 36
Phalacrocorax capillatus 52
    carbo 50
    pelagicus 54

Phalaropus lobatus 308
Phasianus colchicus 90
  colchicus karpowi 91
  colchicus pallasi 91
Philomachus pugnax 264
Phoenicurus auroreus 254
  hodgsoni 256
  ochruros 256
Phylloscopus affinis 341
  borealis 350
  borealis borealis 351
  borealis kennicotti 351
  borealis xanthodryas 350
  borealoides 353
  collybita 372
  coronatus 354
  fuscatus 338
  humei 346
  inornatus 346
  proregulus 348
  schwarzi 336
  tenellipes 352
  trochilus 340
  (trochiloides) plumbeitarsus 344
  yunnanensis 348
Pica pica 466
Picus canus 150
Pitta nympha 148
Platalea leucorodia 90
  minor 92
Plectrophenax nivalis 413
Pluvialis dominica 231
  fulva 230
  squatarola 232
Podiceps auritus 41
  cristatus 44
  grisegena 40
  nigricollis 42
  ruficollis 38
Porzana fusca 196
  pusilla 194
Prunella collaris 240
  montanella 241
Puffinus carneipes 47
Pycnonotus sinensis 217
Pyrrhocorax pyrrhocorax 469
Pyrrhula pyrrhula 430
  pyrrhula cassinii 431
  pyrrhula griseiventris 431
  pyrrhula rosacea 430

R

Rallus aquaticus 192
Recurvirostra avosetta 214
Regulus regulus 357
Remiz consobrinus 363
Rhyacornis fuliginosa 262
Riparia riparia 178

Rissa tridactyla 340

Rostratula benghalensis 208

S

Saxicola ferreus 258
   maura 260

Scolopax rusticola 307

Sitta europaea 376
   europaea amurensis 376
   europaea bedfordi 377
   villosa 378

Stercorarius parasiticus 310
   pomarinus 311

Sterna albifrons 342
   caspia 351
   hirundo 344
   hirundo longipennis 345
   hirundo minussensis 345

Streptopelia decaocto 98
   orientalis 96
   tranquebarica 99

Strix aluco 120
   uralensis 122

Sturnus cineraceus 444
   philippensis 448
   roseus 455
   sericeus 450
   sinensis 454
   sturninus 446
   vulgaris 452

Sula leucogaster 49

Surnia ulula 123

Surniculus lugubris 101

Sylvia curruca 356

Synthliboramphus antiquus 172
   wumizusume 174

T

Tadorna ferruginea 118
   tadorna 120

Tarsiger cyanurus 252
   cyanurus cyanurus 252
   cyanurus rufilatus 253

Terpsiphone atrocaudata 358
   paradisi 359

Treron sieboldii 100

Tringa erythropus 266
   glareola 278
   guttifer 274
   nebularia 272
   ochropus 276
   stagnatilis 270
   totanus 268
   totanus ussuriensis 268

Troglodytes troglodytes 238

Tryngites subruficollis 239

Turdus cardis 302
   chrysolaus 298

  hortulorum 296
  (merula) mandarinus 304
  mupinensis 289
  naumanni eunomus 312
  naumanni naumanni 310
  obscurus 300
  pallidus 306
  philomelos 289
  ruficollis 308
  ruficollis atrogularis 309
  ruficollis ruficollis 308
Turnix tanki 86

U

Upupa epops 146
Uragus sibiricus 426
Uria aalge 178
  lomvia 179
Urosphena squameiceps 316

V~Z

Vanellus cinereus 236
  vanellus 234
Xenus cinereus 283
Zoothera aurea 291
  citrina 292
  dauma 290
  sibirica 294
  sibirica davisoni 295
  sibirica sibirica 295
Zosterops erythropleurus 382
  japonicus 380
  japonicus japonicus 381
  japonicus simplex 381

영명 찾아보기

물새 ■ 산새 ■

A

Accentor, Alpine 240
    Siberian 241
Auklet, Least 176
    Rhinoceros 180
Avocet, Pied 214

B

Bittern, Black 87
    Chinese Little 82
    Cinnamon 86
    Eurasian 90
    Schrenck's 84
    Yellow 82
Blackbird, Chinese 304
Bluethroat 244
Boobook, Northern 127
Booby, Brown 49
Brambling 416
Brant 114
Brent, Black 114
    Pacific 115
Bulbul, Brown-eared 218
    Chinese 217
    Light-vented 217
Bullfinch, Eurasian 430
Bunting, Black-faced 402
    Black-headed 396
    Chestnut 400
    Chestnut-eared 390
    Grey 406
    Japanese Reed 412
    Japanese Yellow 404
    Little 392
    Meadow 384
    Ochre-rumped 412
    Pallas's Reed 408
    Pine 383
    Reed 410
    Rustic 386
    Snow 413
    Tristram's 388
    Yellow-breasted 398
    Yellow-browed 393
    Yellow-throated 394
Bushchat, Grey 258
Bustard, Great 87
Buttonquail, Yellow-legged 86
Buzzard, Common 66
    Grey-faced 60
    Oriental Honey 36
    Rough-legged 62
    Upland 64

C

Chiffchaff, Siberian 342
Chough, Red-billed 469
Cisticola, Fan-tailed 314

Zitting 314
Coot, Common 204
Cormorant, Great 50
    Pelagic 54
    Temminck's 52
Crake, Baillon's 194
    Ruddy-breasted 196
Crane, Common 182
    Demoiselle 191
    Hooded 184
    Red-crowned 190
    Sandhill 181
    Siberian White 190
    White-naped 188
Crossbill, Red 428
Crow, Carrion 474
    Large-billed 476
Cuckoo, Asian Drongo 101
    Chestnut-winged 113
    Common 104
    Indian 108
    Lesser 110
    Little 110
    Oriental 106
Curlew, Eurasian 294
    Far Eastern 296
    Little 290

D

Dipper, Brown 236
Diver, Arctic 34
    Pacific 36
    Red-throated 32
    White-billed 37
Dollarbird 142
Dotterel, Eurasian 238
Dove, Eurasian Collared 98
    Oriental Turtle 94
    Red Turtle 99
Dowitcher, Asiatic 289
    Long-billed 288
    Short-billed 288
Drongo, Ashy 459
    Black 456
    Spangled 458
Duck, Falcated 128
    Ferruginous 149
    Harlequin 154
    Long-tailed 156
    Mandarin 122
    Spot-billed 134
    Tufted 152
Dunlin 254

E

Eagle, Black Sea 42
    Eastern Imperial 72

Golden 68

Greater Spotted 70

Steller's Sea 42

Steppe 74

White-tailed Sea 40

Egret, Cattle 72

Chinese 68

Great 62

Intermediate 64

Little 66

Pacific Reef 70

F

Falcon, Amur 78

Peregrine 84

Finch, Asian Rosy 421

Flycatcher, Asian Brown 284

Asian Paradise 359

Black Paradise 358

Blue-and-White 276

Dark-sided 282

Ferruginous 279

Green-backed 270

Grey-streaked 280

Mugimaki 272

Narcissus 270

Olivey 271

Red-breasted 275

Red-throated 274

Sooty 282

Taiga 274

Verditer 278

Yellow-rumped 268

Frigatebird, Great 57

Lesser 56

G

Gadwall 130

Garganey 144

Godwit, Bar-tailed 286

Black-tailed 284

Goldcrest 357

Goldeneye, Common 162

Goosander 168

Goose, Aleutian Cackling 116

Bar-headed 113

Bean 106

Brent 114

Cackling Cackling 117

Cackling 116

Canada 117

Greater White-fronted 108

Lesser White-fronted 110

Snow 112

Swan 104

Taiga Bean 107

Goshawk, Chinese 52

Northern 58

Grebe, Black-necked 42
   Great Crested 44
   Horned 41
   Little 38
   Red-necked 40
Greenfinch, Grey-capped 416
Greenshank, Common 272
   Spotted 274
Grosbeak, Chinese 432
   Japanese 434
Grouse, Hazel 89
Guillemot 178
   Brunnich's 179
   Spectacled 177
Gull, Black-headed 314
   Black-tailed 320
   Chinese black-headed 316
   East Siberian 324
   Glaucous 338
   Glaucous-winged 336
   Great Black-headed 312
   Herring 324
   Mew 322
   Mongolian 328
   Relict 318
   Saunders's 316
   Siberian 332
   Slaty-backed 334
   Taimyr 332
   Vega 324

H

Harrier, Eastern Marsh 50
   Hen 46
   Pied 48
Hawfinch 436
Hawk Cuckoo, Northern 112
   Hodgson's 112
Hawk Owl, Brown 126
   Northern 123
Heron, Chinese Pond 74
   Grey 58
   Pacific Reef 70
   Purple 60
   Striated 76
Hobby, Eurasian 80
Hoopoe, Common 144

I–J

Ibis, Crested 89
Jacana, Pheasant-tailed 206
Jackdaw, Daurian 470
Jaeger, Parasitic 310
   Pomarine 311
Jay, Eurasian 462

K

Kestrel, Common 76

Korean 77

Kingfisher, Black-capped 138

   Common 134

   Ruddy 136

Kite, Black 36

Kittiwake, Black-legged 340

Knot, Great 258

   Red 256

L

Lapwing, Grey-headed 236

   Northern 234

Lark, Asian short-toed 170

   Crested 166

   Greater Short-toed 170

Longspur, Lapland 414

Loon, Red-throated 32

M

Magpie, Azure-winged 464

   Black-billed 466

Mallard 132

Martin, Asian House 177

   Northern House 176

   Sand 178

Merganser, Chinese 170

   Common 168

   Red-breasted 166

   Scaly-sided 170

Merlin 80

Minivet, Ashy 216

Moorhen, common 202

Munia, Scaly-breasted 438

Murre, Common 178

   Thick-billed 179

Murrelet, Ancient 174

   Crested 174

   Long-billed 175

   Marbled 175

N

Needletail, White-throated 132

Night Heron, Black-crowned 80

   Japanese 80

   Malaysian 81

Nightjar, Grey 140

Nutcracker, Spotted 468

Nuthatch, Eurasian 376

   Chinese 378

O

Oriole, Black-naped 460

Osprey 34

Owl, Collared Scops 118

   Eastern Little 124

   Eurasian Eagle 114

   Eurasian Scops 116

   Hawk 123

Long-eared 128
Oriental Scops 116
Short-eared 130
Tawny 120
Ural 122
Oystercatcher, Eurasian 210

P

Painted Snipe, Greater 208
Parrotbill, Vinous-throated 360
Phalarope, Red-necked 308
Pheasant, Ring-necked 90
  Manchurian Ring-necked 91
Pigeon, Feral 90
  Hill 92
  White-bellied Green 100
Pintail, Northern 136
Pipit, Blyth's 214
  Eurasian Tree 200
  Olive-backed 198
  Pechora 210
  Red-throated 208
  Richard's 212
  Rosy 206
  Siberian Buff-bellied 202
  Water 204
Pitta, Fairy 148
Plover, American Golden 231
  Common Ringed 218
  Greater Sand 228
  Grey 232
  Kentish 224
  Lesser Sand 226
  Little Ringed 220
  Long-billed 222
  Oriental 237
  Pacific Golden 230
Pochard, Baer's 148
  Common 147
  Red-crested 146
Pratincole, Oriental 216

Q-R

Quail, Japanese 88
Rail, Swinhoe's 193
  Water 192
Reedling, Bearded 362
Redshank, Common 268
  Spotted 266
Redstart, Black 256
  Daurian 254
  Hodgson's 256
  Plumbeous Water 262
  White-capped Water 264
Robin, European 242
  Japanese 243
  Orange-flanked Bush 252
  Rufous-tailed 248

387

Siberian Blue 246

Roller, Broad-billed 144

Rook 472

Rosefinch, Common 422

    Long-tailed 426

    Pallas's 424

Rubythroat, Siberian 250

Ruff 264

S

Sanderling 248

Sandpiper, Common 280

    Broad-billed 262

    Buff-breasted 239

    Curlew 257

    Green 276

    Marsh 270

    Pectoral 252

    Sharp-tailed 252

    Spoon-billed 260

    Terek 283

    Wood 278

Scaup, Greater 150

    Lesser 151

Scoter, Black 158

    Common 159

    Velvet 161

    White-winged 160

Shearwater, Flesh-footed 47

    Streaked 46

Shelduck, Common 120

    Ruddy 118

Shoveler, Northern 138

Shrike, Brown 222

    Bull-headed 220

    Chinese Great Grey 228

    Great Grey 230

    Long-tailed 225

    Steppe Grey 231

    Thick-billed 226

Siskin, Eurasian 420

Skua, Arctic 310

Skylark, Northern 168

Smew 164

Snipe, Common 304

    Japanese 298

    Latham's 298

    Pintail 302

    Solitary 306

    Swinhoe's 300

Sparrow, Eurasian Tree 442

    House 439

    Russet 440

Sparrowhawk, Eurasian 56

    Japanese 54

Spoonbill, Eurasian 90

    Black-faced 92

Starling, Chestnut-cheeked 448

Common 452
  Daurian 446
  Red-billed 450
  Rosy 455
  White-cheeked 444
  White-shouldered 454
Stilt, Black-winged 212
Stint, Little 244
  Long-toed 250
  Red-necked 242
  Temminck's 246
Stonechat, Siberian 260
Stork, Black 94
  Oriental White 96
Storm Petrel, Swinhoe's 48
Stubtail, Asian 316
Swallow, Barn 172
  Red-rumped 174
  Striated 174
Swan, Mute 98
  Tundra 102
  Whooper 100
Swift, Little 100
  House 104
  Pacific 102
Swiftlet, Himalayan 134

T

Tattler, Grey-tailed 282

Teal, Baikal 140
  Common 142
  Green-winged 143
Tern, Arctic 344
  Bridled 353
  Caspian 351
  Common 344
  Gull-billed 351
  Little 342
  Sooty 352
  Whiskered 348
  White-winged Black 346
Thrush, Black-throated 309
  Blue Rock 286
  Brown-headed 298
  Chinese 289
  Dusky 312
  Eye-browed 300
  Grey 302
  Grey-backed 296
  Japanese 302
  Naumann's 310
  Orange-headed 292
  Pale 306
  Red-throated 308
  Scaly 290
  Siberian 294
  Song 289
  White-throated Rock 288

White's 290

Tit, Bearded 362

   Chinese Penduline 363

   Coal 371

   Great 372

   Long-tailed 364

   Marsh 368

   Varied 374

   Willow 366

   Yellow-bellied 370

Treecreeper, Eurasian 379

Turnstone, Ruddy 240

V~W

Vulture, Cinereous 44

Wagtail, Black-backed 194

   Citrine 180

   Eastern Yellow 186

   Forest 179

   Grey 182

   Grey-headed Yellow 187

   Japanese 196

   Manchurian Yellow 188

   Swinhoe's White 192

   Transbaikallian white 189

   White 190

   Yellow 184

Warbler, Arctic 350

   Black-browed Reed 326

   Chinese Leaf 348

   Dusky 338

   Eastern Crowned 354

   Hume's Leaf 346

   Japanese Bush 320

   Korean Bush 318

   Lanceolated 330

   Manchurian Bush 319

   Middendorff's 332

   Oriental Reed 324

   Pale-legged Leaf 352

   Pallas's Leaf 348

   Pallas's 328

   Pleske's 334

   Radde's 336

   Rusty-rumped 328

   Sakhalin Leaf 353

   Spotted Bush 323

   Styan's 334

   Thick-billed 322

   Tickell's Leaf 341

   Two-barred Greenish 344

   Willow 340

   Yellow-browed 346

Watercock 200

Waterhen, White-breasted 198

Waxwing, Bohemian 232

   Japanese 234

Wheatear, Isabelline 265

Pied 266

Whimbrel 292

Whimbrel, Little 290

White-eye, Chestnut-flanked 382

   Japanese 380

Whitethroat, Lesser 356

Wigeon, American 126

   Eurasian 124

Woodcock, Eurasian 307

Woodpecker, Black 152

   Great Spotted 156

   Grey-capped 163

   Grey-Headed 150

   Japanese Pygmy 164

   Lesser Spotted 160

   Rufous-bellied 162

   White-backed 158

   White-bellied 154

Wood Pigeon, Black 94

Wren, Winter 238

Wryneck, Northern 149